内蒙古草地畜牧业适应气候变化关键技术研究

高清竹　万志强　梁存柱　主编

科学出版社

北　京

内 容 简 介

内蒙古草原是我国北方重要的生态安全屏障和畜牧业生产基地，也是对气候变化响应最为敏感的区域之一，其如何适应气候变化受到越来越广泛的重视和关注。本书在已有的工作基础上，重点关注了内蒙古草原生态系统功能对气候变化的响应、牧民对气候变化的认知及应对，从退化草地恢复改良、人工草地建植及高效灌溉技术研发、草地畜牧业资源可持续利用等有利于内蒙古草原生态环境与经济和谐发展的角度提出了科学性对策及建议，为内蒙古草地畜牧业适应气候变化技术发展提供了科学指导。

本书可供生态学、草业科学、草地管理与环境保护等相关领域的科研人员、高校教师和研究生阅读，也可作为草原生态保护与草原可持续利用等相关领域技术人员的参考书。

图书在版编目（CIP）数据

内蒙古草地畜牧业适应气候变化关键技术研究/高清竹，万志强，梁存柱主编. —北京：科学出版社，2020.11

ISBN 978-7-03-066264-4

Ⅰ. ①内… Ⅱ. ①高… ②万… ③梁… Ⅲ. ①气候变化–影响–草原–畜牧业–研究–内蒙古 Ⅳ. ①S812

中国版本图书馆 CIP 数据核字(2020)第 184344 号

责任编辑：李秀伟 白 雪 闫小敏 / 责任校对：严 娜
责任印制：吴兆东 / 封面设计：刘新新

科学出版社 出版
北京东黄城根北街 16 号
邮政编码：100717
http://www.sciencep.com

北京虎彩文化传播有限公司 印刷
科学出版社发行 各地新华书店经销

*

2020 年 11 月第 一 版 开本：B5 (720×1000)
2020 年 11 月第一次印刷 印张：10 1/4
字数：205 000

定价：168.00 元

(如有印装质量问题，我社负责调换)

《内蒙古草地畜牧业适应气候变化关键技术研究》
编委会

主　　编：高清竹　万志强　梁存柱

编写人员（按姓氏笔画排序）：

干珠扎布　叶海瑞　刘华民　闫玉龙　苏力德　李智勇

杨　波　谷　蕊　张景慧　苗百岭　宝音陶格涛

胡国铮　盛文萍　梁茂伟

前　言

草地（从生态学角度可称为草原）是在温带半干旱区的气候条件下演化形成的生态系统类型，并扩展到半湿润区和干旱区。草地不但是地球上主要的生态系统类型，而且是人类重要的可更新资源。草地在生态与经济上的意义和作用十分重大，一方面为草食动物提供食料，为人类生产高质量食物、衣着、药品与工业原料；另一方面在调节气候、涵养水分、防风固沙、保持水土、培育土壤肥力、净化空气、美化和改善环境、维持地球表面生态平衡方面起着重要作用。草地的全球生态功能首先体现在它独特的生态地理位置。草地占据着地球上森林与荒漠、冰原之间的广阔地带，草地的这种中间生态地位使它在地球环境与生物多样性保护方面具有极其重大和不可代替的作用。另外，草地生态系统极其脆弱，对全球变化和人类活动极其敏感，有一定的指示作用，而且草地植被一旦遭到破坏，很难恢复。草地的全球生态意义还体现在它特殊的生物地球化学循环作用。

由于气候变化直接影响人类的生存环境和社会发展，气候变化及其影响评价越来越受到各国政府和科学家的重视。气候与生态系统之间的相互作用主要表现在生态系统对气候的适应性与植被对气候的反馈作用两个方面。一方面，由于不同类型草地的空间分布受温度和降水模式控制，因此气候变化的主要后果之一就是植物区系组成发生改变（即草地类型在景观上的迁移），影响植被类型、生态系统的群落结构。另一方面，降水、温度等关键生态因子变化影响生态系统群落中主要优势物种的生理生态过程，如蒸散、分解和光合作用等，配合大气中二氧化碳浓度的增加，将对生态系统的功能（如生物群落的生产力）产生显著影响，使得草地生态系统随气候的变化而发生变化。目前，进行草地生态系统的长期定位监测、实验生态学研究和生态系统的计算机建模是开展全球气候变化对草地生态系统影响研究的主要方法。

由于气候变化给草地生态系统带来的影响是不可能完全避免的，但是可认识的，因此研究草地生态系统对气候变化适应和应对的措施尤为重要。对气候变化的适应可理解为人类社会面对预期或实际发生的气候变化的系统运行、过程或结构所产生的影响而采取的一种有目的的响应行为。适应所针对的主体是人类系统，目的是通过改变人类社会的脆弱性而减轻全球变化的不利影响，强化其有利影响，规避全球变化带来的风险。从经济上讲，适应是以有限的投入，换取最大的收益或最小的损失，适应的方式是多种多样的，适应所需的成本和效果因适应方式的不同而各不相同。适应行为可以是自发的或有计划的，适应在发生时间上可以抢在全球变化达到某一临界值之前，也可以在变化发生之后。从可持续发展的角度看，对全球变化的适应不仅仅是人类降低社会系统脆弱性的手段，更是一种可持续发展能力建设，其目的是实现社会和自然的双重可持续发展。适应对策是降低气候变化风险、降低社会系统脆弱性的一种经济有效的补救措施，采取各种尺度的适应对策既能减小气候变化的风险，又利于可持续发展的目标，两者是一致的。此外，草地生态系统具有重要的碳吸收潜力，尽管可能不是永久的，但草地生态系统的碳蓄存和碳吸收至少能为进一步开发与实施其他措施赢得时间。

2013 年，由中国农业科学院牵头，多家单位参与的国家科技支撑计划课题"北方重点地区适应气候变化技术开发与应用"项目，专门关注我国北方重点农业及畜牧业地区可持续发展对气候变化的响应；其中内蒙古大学及中国农业科学院农业环境与可持续发展研究所共同承担的子课题"内蒙古草地畜牧业适应气候变化技术集成与应用"（2013BAC09B03），组织专家进行实地调研，并设计了多个实验方案来调查内蒙古草原地区气候变化的影响及适应策略，通过多年研究总结，充分认识到内蒙古草原区面临的经济发展与生态环境不平衡问题，并从退化草地改良恢复、人工草地高效建立、牧民认知及应对策略等角度提供了科学建议及对策，为我国北方生态安全屏障的保护提供了理论及技术支撑。

本书是国家科技支撑计划子课题"内蒙古草地畜牧业适应气候变化技术集成与应用"（2013BAC09B03）的重要成果之一。各章节主要内容及具体分工如下：第一章主要介绍了内蒙古草原及其畜牧业概况，全面总结了内蒙古草原主要类型及其分布、内蒙古草地畜牧业发展现状及其存在问题（梁存柱、李智勇、张景慧编写）；第二章介绍了内蒙古气候并统计了内蒙古过去几十年内气候变化特征，可对未来该区域气温和降水的变化进行较高可信度的预测（高清竹、苏力德、盛文萍编写）；第三章深入分析了气候变化对草地生态系统及其畜牧业的影响，总结了气候变化对草地生态系统影响的研究进展，通过模拟控制实验验证气候变化对草地生产力与生物多样性的影响并预测未来气候变化对草地畜牧业的影响，实地调查了牧民对气候变化的认识及适应措施，为未来内蒙古草原地区制定适应气候变化策略及技术提供数据支撑（高清竹、刘华民、谷蕊、苗百岭、叶海瑞、万志强编写）；第四章主要介绍了适应气候变化的品种选育与人工草地建植，通过人工草地建植及高效灌溉技术建立，为人工草地高速发展提供了理论支持和技术支撑（高清竹、万志强、闫玉龙、干珠扎布、胡国铮编写）；第五章总结了适应气候变化的退化草地治理及草地改良，提出了更优的恢复方案（宝音陶格涛、杨波编写）；第六章介绍了气候变化与草原文化的新认识，提出了内蒙古草原适应气候变化的新途径（梁存柱、高清竹、梁茂伟、万志强编写）。

本书是项目组和编委会成员共同努力完成的成果。在项目研究和本书编写过程中，得到了李永宏教授、许吟隆研究员、王永利正研级高工、万云帆副研究员、赵利清教授等专家，以及中国农业科学院、内蒙古大学相关领导和专家的指导与帮助，在此一并致谢。本书的出版得到了国家科技支撑计划项目“北方重点地区适应气候变化技术开发与应用”子课题“内蒙古草地畜牧业适应气候变化技术集成与应用”（2013BAC09B03）的资助。

由于作者水平有限，书中难免有不足之处，恳请读者批评指正！

编　者

2020年8月

目　　录

第一章　内蒙古草原及其畜牧业概况

第一节　内蒙古草原类型

内蒙古草原位于欧亚草原区的东翼，自东向西跨越了温带的半湿润区、半干旱区及干旱区三个气候区。其中，半干旱区的草原面积最广，是内蒙古草原的主体。内蒙古草原地处西伯利亚—蒙古寒潮和冬季风入侵我国的前沿地区，成为干旱、风沙等灾害与严酷气候条件向东南扩展的上源区。因此，内蒙古草原不仅是我国北方天然草地畜牧业基地，而且是我国北方重要的生态安全屏障，承担着防风固沙、保持水土等重要的生态功能。在 20 世纪 60 年代以前，草原植被保持完好，具有很强的生态防护功能，成为北方的一道天然生态防护带。进入 70 年代以来，由于气候变化及不合理的过度利用，草原植被不断退化、土壤沙化，生态环境急剧恶化，草地畜牧业可持续发展受到了严重的制约。

一、内蒙古草原的环境背景

我国北方自古近纪渐新世以后，经历了明显的草原化过程，随着喜马拉雅运动，北方地区逐渐抬升，古地中海从我国西部退出，东亚季风气候环流格局形成，北方气候的大陆性及干旱化加强，气温趋于下降，东西部也出现差异，森林向疏林草原及草原演变。特别是禾本科的针茅属（*Stipa*）植物从渐新世出现，在新近纪分化发展，以至成为草原植物群的优胜者。为适应草原地理环境的演变，动物群也表现出明显的草原特征，上新世的三趾马、羚羊等的化石在北方草原中均有发现。第四纪更新世以来，在冰期和间冰期的气候波动中，尽管有荒漠化时期，但仍以草原化演变为主，直到形成现代草原植被。

内蒙古草原主要位于大兴安岭、阴山山脉和贺兰山连接而成的隆起带以北开阔的内蒙古高原，其海拔在 900～1400m，地貌结构上，大体上是由外缘山地逐渐向浑圆的低缓丘陵与高平原依次更替。内蒙古高原东北部是呼伦贝尔高原，它由大兴安岭西麓的山前丘陵与高平原组成，以草甸草原景观为主。高平原中部，地面呈波状起伏，广泛覆盖有地带性草原植被，局部的沙地上发育着疏林、灌丛与半灌木植被。从呼伦贝尔高原往南，越过蒙古国的东端进入内蒙古高原中段的锡林郭勒高原区，其东边的大兴安岭南段山地呈弧形围拢，南边为阴山山脉东段的低山丘陵隆起，东半部以乌拉盖河为中心，形成乌珠穆沁盆地，中部是中新世—上新世多次喷发的阿巴嘎熔岩台地，西部是二连盆地，南部是面积相当广阔的浑善达克沙地。锡林郭勒高原往西是乌兰察布高原区，其南部是阴山北麓的山前丘陵，丘陵以北是地势平缓的凹陷地带，有一横贯东西的石质丘陵隆起带，剥蚀比较强烈。由此往北则进入海拔逐级下降的层状高平原地区，地形平坦、广阔，形成了荒漠草原自然景观。

阴山山脉横贯草原区，其南麓为黄河沿岸，在构造上是一东西走向的条状沉降盆地，与山麓的冲积洪积扇裙组成了山前倾斜平原，是暖温型草原分布区，现已垦殖为农业区。黄河以南是鄂尔多斯高原，为一古老的陆台，基岩以中生代的疏松砂岩为主，经第四纪的剥蚀与堆积作用，形成了多种地貌类型。高原中部剥蚀强烈，地形切割明显。高原西部是桌子山山前洪积平原，高原东部是流水侵蚀所形成的地面切割得十分破碎的黄土丘陵和基岩裸露区，南部是第四纪风积沙所构成的毛乌素沙地，北部是横贯东西的库布齐沙漠。复杂、丰富的地貌类型，孕育了丰富的生物多样性。

内蒙古草原区地处中纬度内陆地区，为典型的温带大陆性气候，冬季受西伯利亚—蒙古高压气团的控制，夏季受到东南太平洋季风的影响。受海陆分布与外围山地的影响，海洋季风的强度在内蒙古草原区由东南向西北渐趋削弱，形成东北—西南走向的弧形带状分布格局。大兴安岭北部及其东麓，年降水量为 400～450mm；西辽河流域、阴山南麓的山前平原和丘陵区、鄂尔多斯高原的东部等地区降水量也较多，一般在 350mm 左右；大兴安岭以西的呼伦贝尔—锡林郭勒高原及鄂尔多斯高原的中部降水量一般只有 300mm；由此往西，降水量则逐渐下降到 200～250mm。热量的分布也具有明显的区域差异，在南部边缘和西部地区已接近或达到了暖温带的热量标准，≥10℃的年积温达 3200℃以上；中部地区年积温为 1800～2400℃；而最北部的大兴安岭地区年积温为 1400℃，达到了寒温带的标准。同时草原区各地的蒸发量也是由东向西随温度的增高、湿度的降低而递增，大部分地区在 1200～3000mm，西部较大，东北较小。此外，内蒙古草原区降水多集中在最热的季节，对植物生长发育是很有利的。水、热条件的地带差异对植物分布及其组合具有极显著的影响，是草原现代生物多样性空间分布格局形成的主要环境条件。气候因素是决定草原类型分化、草原景观结构和草原生产力的直接能量与物质条件。热量与干湿程度的时空差异构成了不同的水热组合条件，是影响草原各项生态地理特征的主导因素，草原植被的地带分异大体是和气候带的分布相吻合的。

内蒙古草原在现代气候条件下所形成的地带性土壤，类型比较复杂，主要有黑土、黑钙土、栗钙土、棕钙土、黑垆土、灰钙土等。此外，在许多局部性的特殊环境中，还有非地带性的草甸土、沼泽土、盐土及土壤发育程度很低的沙土、披砂石等分布。黑土主要分布在大兴安岭北部东麓的山前丘陵平原地区，植被是外貌华丽、结构复杂、种类十分丰富的杂类草草甸。黑钙土的大面积分布主要见于大兴安岭的两麓地区，发育和半湿润气候条件下的草甸草原植被紧密联系，植被以贝加尔针茅（*Stipa baicalensis*）群落、羊草（*Leymus chinensis*）群落、线叶菊（*Filifolium sibiricum*）群落为主。栗钙土是典型的草原土壤，是半干旱气候条件的产物，并与典型草原带大体吻合形成栗钙土带，分布范围较广，东至呼伦贝尔高原及西辽河流域，西至大青山北麓及鄂尔多斯高原。暗栗钙土植被以杂类草层片较发达的大针茅（*Stipa grandis*）群落为主；典型栗钙土以杂类草层片不发达的克氏针茅（*Stipa krylovii*）群落为主；在淡栗钙土上最常见的植被是种类较贫乏的短花针茅（*Stipa breviflora*）群落。总之，栗钙土的不同类别都与一定的草原群落相联系。在最干旱的草原气候条件下形成的土类是棕钙土，集中分布在内蒙古高原和鄂尔多斯高原的西部，构成了与荒漠草原大体相符的棕钙土带，植被是小针茅（*Stipa klemenzii*）群落及暗棕钙土上的短花针茅群落和沙质棕钙土上的沙生针茅（*Stipa glareosa*）群落。分布在草原区南部的黑垆土是暖温型草原土类，一般发育在黄土母质上，天然植被主要是本氏针茅（*Stipa capillata*）占优势的草原群落。灰钙土分布于鄂尔多斯高原的西南角，是黄土高原区的暖温型荒漠草原土壤类型，植被主要是由短花针茅建群的荒漠草原群落。草甸土、沼泽土、盐土、沙土是本区各地带内常常遇到的隐域性土壤，对隐域性植被生物多样性有显著影响。

二、内蒙古草原植物多样性组成

（一）物种与区系地理成分的多样性

到目前为止，在内蒙古草原区（包括山地）调查搜集到的种子植物共计2551种，分属于127科707属。其中，裸子植物共有3科7属25种，被子植物共有124科700属2526种，其中双子叶植物103科547属1927种，单子叶植物21科153属599种。内蒙古草原区种子植物科、属、种数，约占全国总科数的47.9%，总属数的23.3%，总种数的8.5%。

在种子植物区系组成中，植物种数多于30种的大科及较大的科共有17科，其中含100种以上的大科有6科，含51～100种的科共有8科，含31～50种的科有3科，含11～30种的科有22科，其余88科含植物1～10种。在内蒙古草原区只含有一种植物的科共有30科，含有2～3种植物的科共30科。含50种以上的科有14科，共1768种，分别占本区全部植物科、种数的11%、69.3%。只含有1～3种植物的科共60科，占全部科数的47.2%，包含的植物种共111种，仅占全部植物种数的4.35%。在属的物种组成中，植物种较丰富的属不多。含有40种以上的大属只有3属，共含有225种植物，含20～40种的属有11属，含11～19种的属有27属，其余666属都是少于10种的属。含有10种以上的41个属占总属数的5.8%。

内蒙古草原区区系成分比较复杂，以北温带种（占 11.3%）、旧大陆温带种（占 9.6%）、温带亚洲种（占 21.0%）、东亚种（占 31.0%）和蒙古种（占 8.4%）为主要成分，这 5 种分布型的植物占内蒙古草原区全部植物种数的 81.3%，从而可反映出草原区植物区系的基本性质、起源及与周边地区的联系。内蒙古草原区位于亚洲温带地区，广域分布的北温带种、旧大陆温带种和温带亚洲种合计占 41.9%，构成了区系的基本成分，由此决定了草原植物区系是北温带植物区系的组成部分。东亚区系成分在草原区的大量分布，表明了蒙古草原与东亚森林区系的密切联系。蒙古成分是草原植物区系的典型代表，是在草原的演化过程中，经历了当地环境的长期改造而形成的。古地中海植物种、中亚植物种、青藏高原及黄土高原植物种在本区的分布，反映了亚洲大陆中部气候干旱化的历史过程中植物种属分化的演变趋势。欧洲—西伯利亚及西伯利亚成分的渗透是内蒙古草原与北方森林植物区系联系的纽带。由于内蒙古草原区与蒙古国境内的草原区及中国东北、华北及西北地区紧密相连，因此在植物区系组成中基本没有本区草原的特有种。

（二）生活型与生态型的多样性

草原是在温带干旱与半干旱区气候条件下演化形成的旱生或半旱生的由多年生草本植物构成的生态系统类型。草原植物通常具有蒸腾面积小、叶片内卷、气孔内陷、叶缩小或狭线形、叶表面硅质层发达、植物体表面密生茸毛等旱生植物的特征，植株往往为密丛型，并有宿存的枯叶鞘，且根系发达，有利于广泛而迅速地吸收土壤水分，这也是草原植物适应干旱环境的特征。

在长期演化过程中，草原植物形成了复杂的生活型，可以划分出丛生禾草、根茎禾草、轴根草及小半灌和半灌木。根据对水分的生态适应，草原植物可划分为中生、旱中生、中旱生、旱生和超旱生等水分生态类型，其中，旱生植物是草原植物的主要类型。

（三）优势植物与特征植物

在草甸草原群落中，中生化的特征种和优势种比较丰富，主要有贝加尔针茅（*Stipa baicalensis*）、羊草（*Leymus chinensis*）、线叶菊（*Filifolium sibiricum*）等。典型草原群落的优势种和特征种是典型的旱生草本植物，主要有大针茅（*Stipa grandis*）、克氏针茅（*Stipa krylovii*）、本氏针茅（*Stipa capillata*）、糙隐子草（*Cleistogenes squarrosa*）、米氏冰草（*Agropyron michnoi*）、冷蒿（*Artemisia frigida*）、山韭（*Allium senescens*）、双齿葱（*Allium bidentatum*）等。荒漠草原群落的优势种与特征种具有更强的旱生特征，主要有小针茅（*Stipa klemenzii*）、沙生针茅（*Stipa glareosa*）、短花针茅（*Stipa breviflora*）、无芒隐子草（*Cleistogenes songorica*）、蒙古韭（*Allium mongolicum*）、多根葱（*Allium polyrrhizum*）等。

三、内蒙古草原的地域分异及其环境现状

内蒙古草原从半湿润区、半干旱区到干旱区，构成了完整梯度系列，根据水分及其他环境梯度，可分为以下几个区域。

大兴安岭东麓山前草甸草原。本区是生物多样性最丰富的草原地带，但在长期的农业开发中，原生草原已经不多，由于反复开垦及放牧利用，现存的草原植被也都已退化，土质沙化或碱化。

大兴安岭西麓山前草甸草原。本区是内蒙古高原的森林-草原带，气候的湿润度为 0.50～0.60。丘陵漫岗与丘间洼地多层镶嵌分布的白桦-山杨林和草甸草原是主要的景观生态系列。20 世纪 70 年代以来，由于广泛开垦和多年耕种，土地生产力明显退化，土质沙化。

科尔沁沙地草原。本区总面积约 4.8 万 km^2，气候的湿润度为 0.35～0.50，由沙丘与沙丘间滩地组成疏林-灌丛-草地景观格局。但因多年来人口增长，草地与土地超载利用，植被严重衰退，土地沙漠化在急剧蔓延。

呼伦贝尔—乌珠穆沁盆地—锡林河流域及阿巴嘎北部典型草原。本区为内蒙古草原的主体，气候的湿润度为 0.35～0.50。由于多年来超负荷放牧，目前草原已普遍发生退化。

浑善达克沙地。本区为新近纪以来在阴山北麓向斜构造基底上由风积形成的沙地，由梁窝状沙丘和沙垄与沙丘间滩地相间排列而成，并有小型湖沼镶嵌分布，总面积约 4.0 万 km^2。东、西部的气候湿润度差异较大，东部为 0.3～0.48，形成榆树疏林草地，西部为 0.13～0.30，为灌丛草地。目前，西部的植被退化十分严重，流动沙丘蔓延分布，已成为北方的主要风沙源。

赛汉塔拉—乌兰察布高原。本区是广阔的荒漠草原，气候的湿润度为 0.13～0.25，是进入内陆干旱区荒漠区的过渡地带。生物多样性贫乏，草地生产力不足典型草原的 40%，现已广泛退化且荒漠化。

阴山南麓及鄂尔多斯高原暖温型草原地。气候的湿润度为 0.30～0.48，由于水土侵蚀严重，地形切割剧烈，形成破碎的草原、灌丛、残林和耕地景观生态系列。

毛乌素沙地。本区为暖温型草原沙地，总面积约 4.4 万 km^2，由沙砾质硬梁地、沙质软梁地与滩地等多种景观类型组成，生物多样性丰富，气候的湿润度为 0.30～0.45。20 世纪随着畜牧业的发展，牲畜数量的增长，面临沙漠化的威胁。21 世纪后，加强了生态保护及生态建设力度，生态环境已得到了较大的改善。

四、内蒙古草原主要类型及其空间分布

内蒙古草原根据植被对水分的生态适应，可分为草甸草原、典型草原和荒漠

草原。草甸草原主要为贝加尔针茅（*Stipa baicalensis*）、羊草（*Leymus chinensis*）和线叶菊（*Filifolium sibiricum*）草甸草原。典型草原主要由大针茅（*Stipa grandis*）、克氏针茅（*Stipa krylovii*）、本氏针茅（*Stipa capillata*）、羊草（*Leymus chinensis*）等草原类型及冷蒿（*Artemisia frigida*）、糙隐子草（*Cleistogenes squarrosa*）等退化草原类型构成。荒漠草原主要由短花针茅（*Stipa breviflora*）、小针茅（*Stipa klemenzii*）、沙生针茅（*Stipa glareosa*）等草原类型构成。

（一）贝加尔针茅（*Stipa baicalensis*）草原

贝加尔针茅草原是中温型草甸草原的主要类型，也是亚洲草原区东部特有的一种原生草原类型。其分布中心在我国东北的松辽平原、内蒙古高原区的东部和蒙古国草原区的东北部及俄罗斯的外贝加尔草原地区。贝加尔针茅的耐寒性较强，生境的湿润度较高，杂类草层片发达，为丛生禾草草原类型。分布区属半干旱-半湿润低温地区，年降水量在350～450mm，年均温为−2.3～5℃，≥10℃的年积温为1500～2700℃，湿润度为0.4～0.7，生长期180～210天。土壤是黑钙土和暗栗钙土。贝加尔针茅草原的种类组成较为丰富，种的饱和度较高，每平方米内有15～25种，有时可达30多种。其中以菊科、豆科、禾本科、蔷薇科种类最多。

（二）大针茅（*Stipa grandis*）草原

大针茅草原是中温型典型草原的主要类型，分布中心在内蒙古高原草原带，是典型草原的基本草原类型，向周围扩展到中西伯利亚南部、我国的松嫩平原中部和黄土高原。主要集中在锡林郭勒高原和呼伦贝尔高原，形成连续的分布。分布区域属于温带半干旱气候，全年降水量平均为300～350mm，最高可达400mm，年均温在1～4℃，≥10℃的年积温为1800～2500℃，最高达3000℃，湿润度为0.30～0.45，生长期180～210天。土壤是土层较厚的壤质或砂壤质典型栗钙土及暗栗钙土。大针茅是多年生旱生大型密丛禾草，具有发达的根系，组成丛生禾草草原。大针茅草原的种类组成比较丰富，种的饱和度每平方米一般为20种，少者11～15种，最丰富者可达30种以上。植物种数较多的是菊科、禾本科、豆科、百合科、蔷薇科、唇形科、藜科、毛茛科等。重要的属有禾本科的针茅属、隐子草属、赖草属、冰草属，菊科的蒿属，豆科的黄耆属，蔷薇科的委陵菜属，百合科的葱属等。

（三）克氏针茅（*Stipa krylovii*）草原

克氏针茅草原同大针茅草原一样，也是中温型典型草原的主要类型，为丛生禾草草原，也是亚洲草原区所特有的典型草原群系，主要分布于内蒙古高原的典型草原带，但也分布于我国的东北、华北及西北半干旱区。在内蒙古高原地区，分布面积较大，集中在典型草原带以内，与大针茅草原交错重叠分布，主要集中在呼伦贝尔高原和锡林郭勒高原中部与西部地区。分布区域属于中温带的半干旱气候，全年降水量为 300～350mm，年均温在 0～5℃，≥10℃的年积温为 1800～2500℃，湿润度为 0.25～0.50，生长期 195～210 天。土壤多为壤质、沙壤质或沙砾质栗钙土。在典型草原带，放牧利用较轻的草原中，大针茅的作用大于克氏针茅，随着放牧利用和人为活动的加剧，克氏针茅往往有所增加。到典型草原带的西部，克氏针茅的数量和作用大大超过大针茅，占据优势地位，表明其旱生性比大针茅略高。克氏针茅草原种类组成较大针茅简单，每平方米内种的饱和度平均为 15～20 种。

（四）本氏针茅（*Stipa capillata*）草原

本氏针茅草原是暖温型典型草原的主要类型，广泛分布于亚洲大陆的温暖地带，主要分布于西辽河以南的黄土丘陵及阴山山脉的分水岭以南，往西可见于青海、祁连山、天山，最远至四川西部和西藏，往南可以分布到河南的伏牛山区一带。黄土高原地区是本氏针茅分布最多的区域，但因长期农业耕种，天然草原目前保存已很少，很难找到大面积连片的原生类型。分布区的年降水量为 300～500mm，年均温在 4.5～11.8℃，≥10℃的年积温在 2370～4000℃，湿润度为 0.3～0.6，土壤以黑垆土为主，植物种类多样。

（五）小针茅（*Stipa klemenzii*）草原

小针茅草原为中温型荒漠草原的主要类型，属小型丛生禾草草原，主要分布在乌兰察布高原和鄂尔多斯高原中西部地区。在内蒙古的东戈壁荒漠草原地区占有优势，并在阿尔泰山脉广泛分布。为最耐干旱的针茅草原之一，分布与温带大陆性干旱气候有密切联系。分布区的年降水量在 130～250mm，≥10℃的年积温为 2000～3000℃，湿润度为 0.11～0.26，生长期可达 180～240 天。土壤为棕钙土或暗棕钙土，地表通常覆盖一层石砾和粗沙。小针茅草原的植物种类贫乏，每平方米内种的饱和度仅 10～12 种，但是种类组成比较稳定。其中主要特征种有：小针茅、无芒隐子草（*Cleistogenes songorica*）、多根葱（*Allium polyrhizum*）、蒙古韭（*Allium mongolicum*）、冬青叶兔唇花（*Lagochilus ilicifolius*）、女蒿（*Hippolytia trifida*）、蓍状亚菊（*Ajania achilloides*）等。

（六）短花针茅（*Stipa breviflora*）草原

短花针茅草原为暖温型荒漠草原的主要类型，分布于亚洲草原区荒漠草原带气候偏暖的区域内。在我国主要分布于黄土高原丘陵区的西北及内蒙古高原南部地区。但短花针茅的分布，几乎遍及亚洲中部。在内蒙古高原的南部，西起乌梁素海以东的大佘太地区，经达茂旗、四子王旗东至镶黄旗与化德一带，短花针茅草原在淡栗钙土及暗棕钙土上有连续的分布，分布区域集中。分布区年降水量在250～300mm，年均温在2.1～7.5℃，≥10℃的年积温在1846～3214℃，湿润度在0.23～0.47，其适应温度范围较小针茅草原广，耐旱性较差。短花针茅组成丛生禾草草原，群落植物比较贫乏，禾本科的针茅属、隐子草属，豆科的锦鸡儿属，菊科的蒿属作用最大，往往构成群落的建群种和优势种。

（七）羊草（*Leymus chinensis*）草原

羊草草原为中温型根茎禾草草原，是欧亚大陆草原区东部的特有群落，分布于俄罗斯外贝加尔、蒙古国及我国的东北平原、内蒙古高原和黄土高原等地区的草原带。其位于亚洲中、东部的温带半湿润和半干旱地区内，不仅自然分布地带广泛，面积较大，还是经济利用价值最高的草原类型。在典型草原带，其面积仅次于针茅草原，且生境类型多样。但通常分布于开阔的平原或高平原及丘陵坡麓等排水良好的地形部位，在某些河谷阶地、滩地、谷地等低湿地上也有其特殊类型。土壤主要是黑钙土、暗栗钙土、普通栗钙土、草甸化栗钙土和碱化土等。

水分条件和土壤盐分状况有差异是导致羊草草原群落类型分化的重要生态因素。大兴安岭西麓的草甸草原半湿润气候带，由于降水充足，羊草草原在地带性生境中发育良好，成为该地带最发达的草原群落，同时羊草可在贝加尔针茅草原、线叶菊草原及羊茅草原中成为重要的伴生种。在低洼的隐域性生境，也可形成羊草草甸。在典型草原偏东部，因降水量少于草甸草原带，羊草草原一般不能占据最典型的地带性生境，它大多出现在有径流水分补给的半地带性生境中，如谷地、河滩地、丘陵间洼地等生境。此外，在土壤轻度盐化或碱化的低地上也可以形成含有耐盐碱植物的羊草草原群落。可见羊草草原的生境类型和群落类型是多样的。

（八）线叶菊（*Filifolium sibiricum*）草原

线叶菊草原为寒温型轴根草草原，是亚洲中部山地特有的一种双子叶草原群系，其分布范围为东经100°～132°，北纬37°～54°。在我国主要分布在大兴安岭东西两麓低山丘陵地带、呼伦贝尔—锡林郭勒高原东部边缘和松嫩平原丘陵低山坡地。常出现在中低山地阳坡上部的薄层黑钙土上，往往与贝加尔针茅、羊草组成群落或形成稳定的生态分布序列。分布区域通常属于比较湿润而寒冷的山地大陆性气候。土壤是壤质、砂壤质、砂质、砾质的中性黑钙土和暗栗钙土，土质粗糙，砾石性或砂性较明显。由于生长季的土壤水分条件比较好，为较多的中旱生、旱中生及中生杂类草的生长创造了条件，因此线叶菊草原种类组成较丰富、外貌较华丽。

（九）冷蒿（*Artemisia frigida*）草原

冷蒿草原为严重退化草原的主要类型，分布于西辽河流域以东的我国草原带，可延伸到蒙古国和哈萨克斯坦。在内蒙古草原区，主要分布于中、东部的半干旱典型草原带，由于长期过度放牧、啃食和践踏，禾草的生长受到了抑制，而抗旱性强又耐践踏的冷蒿，代替了原来的建群种而形成冷蒿草原变型。

第二节　内蒙古草地畜牧业发展现状

草地畜牧业是广大牧民不可或缺的优势资源和产业，更是区域社会、经济发展的原动力。草地畜牧业的发展对稳固与增进草原生态建设成果、促进边疆稳定、保障国家食物安全均有重大意义。

一、草原牧业作用

内蒙古畜禽品种资源十分丰富，不仅在提供高档畜产品和支援区内外畜种等方面发挥了积极的作用，也是我国重要的畜产品生产和加工基地。目前饲养牲畜总计约1亿头（只），2009年牛奶、羊肉、山羊绒、细羊毛产量分别为903.1万t、88.2万t、7375t、5.4万t，均居全国第一。因此，内蒙古畜禽业在改善我国人民膳食结构、节省粮食和减轻耕地压力方面发挥着较大作用。

草原牧业仍然是广大牧民赖以生存的物质基础，是其收入的最主要来源之一，牧业的进步和发展直接决定牧民的收入与生活水平。在内蒙古的103个县级行政区划单位中，33个为牧业旗，21个为半农半牧旗。2008年牧区共有40.82万户，149.93万人，牧民人均纯收入6194.3元。由于牧区范围广，投入大，生产生活成本高于农区，牧区与农区的收入比例为1.5∶1，是一个平衡点，即农牧民处于相同生活水平，低于这个比例，则说明牧区生活水平低于农区。据鄂托克旗统计资料，城镇居民人均可支配收入12 500元，农牧民人均纯收入为4800元。牧区及牧业发展、农牧民收入提高是边疆地区政治稳定和经济发展的关键基础。

我国人口众多，耕地面积有限，在相当长的时间里，饲料原料短缺的局面不会改变。2008年全国粮食产量52 850万t，人均占有量398kg。近年来，尽管玉米播种面积和产量有所增加，但仍满足不了饲料生产需求。草地畜牧业以牛、羊等草食家畜为主，放牧食草，在自然状态下人工补饲精料很少。据测算，每增加1t牛羊肉，相当于增加9t粮食。按2007年我国六大牧区牛、羊肉总产量142.65万t、196.63万t计，相当于粮食3053.52万t，即增加耕地673.3万hm^2。

草地畜牧业不仅是草原牧区经济的支柱产业，也是广大牧民家庭收入的主要来源，在区域国民经济中的作用和地位突出。稳定和发展草地畜牧业，对促进牧民增收、提高牧民生活水平具有重要的战略意义。通过草原生态的逐步恢复重建，其初级生产力水平增加，草原产品的产量和质量提高，对我国居民的生活质量和食物安全将产生深远影响。

二、草原利用方式转变

在不断实行草畜平衡、禁牧休牧、划区轮牧的措施，以及饲草料基地建设下，畜牧业生产方式正在转变，草原退化整体遏制、局部改善的趋势已经形成。牧区政府和农牧民在此方面做出了巨大的贡献。

1）改革开放后，锡林郭勒盟在全国牧区率先推行了“草畜双承包”政策，落实了草牧场“双权一制”政策，调动了牧民的生产积极性，全盟生产水平和牧民收入一度跻身全国前列。但由于牲畜头数的急剧增加，草原遭到无节制开发，加上自然灾害的推波助澜，锡林郭勒草原严重退化。草原是有限资源，同时是再生资源，传统的草原无价、使用无偿的观念必须改变。在总结经验的基础上，全盟大力推进“两转双赢”政策，并提出了生态容量理念，通过转移农牧区人口、转变畜牧业生产经营方式，实现草原生态保护和牧民收入增加的双赢目标。通过草牧场流转解决了规模化经营和科学合理划区轮牧的问题。还要通过合作社解决管理经营和资源整合的问题。2003～2009 年，全盟累计转移农牧民 19.96 万人（稳定转移 14.4 万人），其中转移牧区人口 6.35 万人，牧区人口由 2003 年的 23.5 万人，下降到 2009 年的 19.7 万人。通过落实生态容量的理念，连续 6 年年均减少牲畜 100 万头（只），由最高峰的 1800 万头（只）减少到 2010 年的 1200 万头（只）。

2）西部以“羊、煤、土、气”著称于世的鄂尔多斯市是典型的沙地草原，十年九旱，自然条件恶劣，生态环境脆弱，年降水量仅 150～300mm。近年来，在丰富的地下资源开发带动下，其经济迅猛发展，在发展经济的同时，各级领导非常重视生态建设和畜牧业经营管理模式的转变，大量的资金转投草原牧区。全市 581.7 万 hm^2 草原，划分为禁止开发区、限制开发区和优势开发区。大投入促进了禁止开发区的人口大转移，优越的生活和补贴条件，保证了转移农牧民生活稳定。在限制开发区通过插花式移民和草牧场、水浇地流转，大力发展建设现代草地畜牧业示范户式现代家庭牧场。牧区人口由 2000 年的 6.1 万户、21.6 万人，减少到 2009 年的 4 万户、12.7 万人。全市禁牧草原面积 234.5 万 hm^2，占全市草原面积的 39.9%；季节性休牧面积 353.2 万 hm^2，占 60.1%。

通过近 10 年的草原建设与保护，全市植被盖度达到 75%。通过人口转移和草牧场流转，大力发展现代草地畜牧业家庭牧场建设，鄂尔多斯市 2000 年提出了“建设绿色大市、畜牧业强市”的发展理念；2006 年提出了“收缩转移，集中发展”的发展理念；2010 年又提出了“城乡统筹，集约发展”的发展理念。在优势开发区促进规模化经营，在限制开发区大力发展现代草地畜牧业示范户工程，将国家的退牧还草、农牧机补贴、良种直补、牧区小水利等项目，以及地方政府的支持资金，整合到家庭牧场的建设中，走建设养畜的路子。牧区畜牧业生产经营方式的转变和草原利用方式的改变，加快了草原的生态保护和建设，换来了蓝天白云和绿草芬芳，改善了气候和环境，使我们远离了黄沙漫天的生活，我们应该深深地感谢牧区政府和人民为此付出的努力和艰辛，珍视广大牧民为保护草原生态的付出。牧区的问题，不能简单地强调超载过牧，人为的因素很多，气候的影响也很大，牲畜数量则是起到推波助澜的作用。要想草原生态好转，必须有成本的付出，目前草原正在恢复，但牧草质量并未恢复。牧民承受了禁牧、休牧的损失，付出了较高的生产成本。因此要切实加强生态保护，落实草畜工程；从靠天养畜到科学养畜；稳固局部好转态势；通过建设牧民合作社，提高组织化、集约化程度；整合草场、劳动力、牲畜、设施设备，遏制草场的退化、沙化；将小围栏整合为大围栏，实现大范围的禁牧、休牧和划区轮牧。

三、草地畜牧业结构调整

一些地区结构调整进展不快，发展不平衡。猪肉和禽蛋比例仍然偏大，牛羊肉和牛奶比例偏小。畜产品加工业严重滞后，与发达国家存在巨大差距。发达国家畜产品加工量占畜产品生产总量的比例高达 60%～70%，而我国肉类加工比例不到 5%，且加工技术较落后，企业规模较小，还存在着加工深度不够、花色品种较少和优质高档品种比例低等问题。

四、畜产品质量亟待提高

随着全球经济贸易自由化的发展，国际市场竞争日趋激烈，对畜产品的品质、卫生、环保、安全等技术指标要求越来越严格。我国加入世界贸易组织后，畜牧业参与全球经济一体化进程加快，需要更加关注并逐步改善畜产品质量，特别是药物残留、重金属超标、生产环境污染、添加违禁药品等问题。可见，提高畜产品质量，增强其市场竞争能力，积极参与全球经济一体化进程，将是我国畜牧业面临的紧迫任务。

第三节　内蒙古草地畜牧业存在问题

一、草原退化与荒漠化仍较严重

近几十年来，随着人口压力的不断增加，许多草地发生不同程度的退化（Kemp

et al.，2013），其中我国天然草地 90%发生不同程度的退化，仅中度和重度退化面积就达 60%以上（梁存柱等，2002；白永飞等，2016）。过度利用等人为因素与气候变化等自然因素的耦合是导致草地退化的主要因素（Kemp et al.，2013；Han et al.，2018），其中人类活动是草地退化的主要驱动力（Li et al.，2012）。

自 20 世纪 90 年代以来，内蒙古草原退化、沙化、盐碱化面积已占到可利用草场的 1/2 以上，锡林郭勒草原退化率达 41%，本区约有 1/10 的草场缺水，放牧活动不得不集中于饮水比较方便的河流沿岸、河滩地、河谷、井泉附近。草场利用在空间上的不均衡性，加之牲畜头数增加过快、掠夺式利用草场，使得优良放牧场利用率过高，常处于过度放牧之中，家畜过度啃食、践踏，使优质草场退化。由于气候日益干旱和草原不合理利用，加之连续几年遭受特大旱灾、雪灾等，内蒙古草原沙化、退化十分严重，2008 年可利用草地面积相比 1947 年减少了约 600 万 hm^2，草地植被盖度和单产平均下降 50%～60%，群落结构发生了质的变化，如赤峰市退化草地已占到可利用草地总面积的 70%。天然草地植被盖度由 1947 年的 70%～80%降低到现在的 30%～40%，甚至出现程度不同的裸地；草地产草量由 20 世纪 50～60 年代的 900～1200kg/hm^2 降到现在的 450～600kg/hm^2；植物种类也发生了明显的变化，一年生和有毒有害植物大量增加。因连年的干旱、蝗灾和沙尘暴，锡林郭勒盟锡林浩特市、阿巴嘎旗、苏尼特左旗、苏尼特右旗大部分草地的禾本科、豆科优良牧草基本消失，演替成以蒙古韭、藜和沙蓬等一年生植物为优势种的劣质草场，草地畜牧业生产面临严峻挑战。

近十几年来，内蒙古先后实施了退耕还林还草、休牧、禁牧、草畜平衡、生态补偿等政策与措施，取得了显著的成效，草地退化及荒漠化趋势初步得到了遏制，但天然草地退化仍较严重。根据第五次全国荒漠化和沙化土地监测结果，内蒙古等地区土地沙化主要发生在天然草地上，其面积占天然草地总面积的 62%（屠志方等，2016）。虽然采取了一系列的生态保护措施，但超载过牧及畜群结构不合理仍是导致天然草地退化与沙化的主要人为因素。

二、地表水减少和地下水位下降

营造防风固沙林是最近半个多世纪以来运用最为广泛的防风固沙措施之一，但由于地下水位下降，固沙植被存在大面积衰退的风险。特别是科尔沁沙地、浑善达克沙地、毛乌素沙地湖泊大量减少，地下水位普遍下降，严重影响生态安全与畜牧业可持续发展。例如，20 世纪 70 年代初期以前科尔沁沙地草场春季地表普遍积水，产草量一般在 3750kg/hm^2 以上，80 年代末期除了个别降水多的年份，排水沟已经没有流水，草场有效面积逐渐减少，植物种类、密度及产草量普遍下降。此外，一些地区由于过量开采地下水，地下水位急剧下降，具有潜在的生态风险，在极端干旱年份可能导致几十年的植被建设功亏一篑。

一些地区不能因地制宜，特别是沙地出现了超过当地水资源承载力的过度植被建设，可能出现“绿色荒漠化”危机。例如，毛乌素沙地经过多年的植被建设，取得了许多令人瞩目的成就，特别是通过近年来的植被建设，其森林盖度已达到32%左右。遥感监测数据表明，毛乌素沙地的流动沙地面积在波动中下降，1988年、2002年和2011年其面积占毛乌素沙地总面积的比例分别为17.25%、17.2%、7.19%。可见进入21世纪后，沙漠化已得到有效的遏制。与此同时，水体占毛乌素沙地总面积的比例分别为0.88%、0.9%和0.6%，草甸所占面积分别为3.2%、3.3%、1.6%，可见可指示地下水量的这些低湿地数量有所下降。毛乌素沙地处于我国北方降水稀少的干旱与半干旱地区，虽然2010年以来该地区降水较多，但不排除发生大面积干旱的可能，干旱年份沙地地下水位下降可引起植被水分亏缺及由此引发大面积的人工林衰退。因此，沙漠与沙地通过植被建设进行荒漠化防治，可能出现了超过当地水资源承载力的过度植被建设，可能出现“绿色荒漠化”危机。

三、生态工程项目的实施效果缺乏准确的评判

退耕还林还草、休牧、禁牧等各类生态工程项目的实施效果缺乏准确评判和有效监管。目前我国荒漠化治理区先后实施了“三北”防护林、天然林资源保护、退耕还林、京津风沙源治理、退牧还草、草畜平衡等生态保护工程，投入了大量的资金，也收到了一定的效果，目前沙漠化防治取得的成果与此密切相关。但对这些生态工程项目的确切效果仍缺乏准确的评价。例如，调研发现锡林郭勒盟正蓝旗浑善达克沙地京津风沙源治理区人工植被更新较差，个别地区作为夏牧场利用，沙化没有得到有效遏制。草原退牧还草工程中，部分退牧的牧场主拿到5年禁牧补贴后，将草场转包，与承包户签订5年合同，新承包者以掠夺方式超载放牧，导致草地进一步退化。草畜平衡政策本身非常好，但进一步的落实与监管并不到位，没有落到实处。

四、部分牧民贫困现象严重

草地畜牧业是内蒙古牧区的主导产业，牧民收入的90%以上来自畜产品销售。近年来牧民的可支配收入明显下降，大灾之年，许多牧户负债经营，靠借贷维持生产和生活。据统计，2001年牧区户均贷款金额为4864元。中、小牧户生产生活要依靠借贷，或过度处理牲畜，无畜户和少畜户大幅度增加，牧区旗县无畜户达到29 110户，占总户数的14%。牧民无畜可牧，外出打工又缺乏劳动技能，生活十分窘迫。从全区整体来看，牧民人均纯收入低于全国农民人均纯收入水平，

但牧区地域广、居住分散，牧民生产和生活资料的支出要比其他地区高。据有关部门调查，在生活资料支出方面，牧区食品类支出为农区的 1.4 倍，衣着类支出为 2.5 倍，居住类支出为 1.4 倍，医疗支出为 2.4 倍，教育支出为 2.1 倍，交通通信支出为 6 倍。多种原因导致牧户间贫富差距增大，30%的牧业大户约占有 70%的牲畜，其余 70%的中小牧户生活仍处在温饱水平。

五、生态产业落后和基础设施建设薄弱

总体上我国草地退化及荒漠化治理技术产业化发展较为落后，在为荒漠化防治和生态产业健康发展提供体制保障的产业、金融、税收、科技等政策制定方面的研究也严重滞后。以后在天然草地利用、退化治理及荒漠化防治领域，应以绿色发展理念和生态保护为核心，充分利用草原资源禀赋发展特色畜牧业和生态产业。

此外，就天然草地畜牧业发展而言，基础设施等硬件建设也相对滞后。目前，全区牲畜棚圈 50%以上为简易棚圈，内部设施不配套，生产设施不足，机械化水平较低。中小牧户拥有的机械仅限于三轮车、小四轮车等较简单的运输车辆，牧业生产长期处于低水平状态。近年，国家加大了对草原建设的投资力度，各级地方政府和农牧民也做出了很大努力，但由于牧区自然条件差，畜牧业基础建设成本高，畜牧业基础建设总体规模比较小，特别是地区间发展不平衡，远远不能满足畜牧业生产发展的需要。草原局部建设不能有效地遏止整体退化的趋势，不能有效地抵御较大自然灾害的袭击。草原沙化、退化现象加剧，草畜矛盾十分突出，灾年损失惨重，特别是中、小牧户由于缺乏畜牧业基础建设的启动资金和必要的农业生产技能，靠天养畜较普遍，灾年需要政府救济。

参 考 文 献

白永飞, 潘庆民, 邢旗. 2016. 草地生产与生态功能合理配置的理论基础与关键技术. 科学通报, 61: 201-212.

梁存柱, 祝廷成, 王德利, 等. 2002. 21 世纪初我国草地生态学研究展望. 应用生态学报, 13: 743-746.

屠志方, 李梦先, 孙涛. 2016. 第五次全国荒漠化和沙化监测结果及分析. 林业资源管理, (1): 1-5, 13.

Han Z, Song W, Deng X, et al. 2018. Grassland ecosystem responses to climate change and human activities within the Three-River Headwaters region of China. Scientific Reports, 8: 9079.

Kemp D R, Han G D, Hou X Y, et al. 2013. Innovative grassland management systems for environmental and livelihood benefits. Proceedings of the National Academy of Sciences of the United States of America, 110: 8369-8374.

Li A, Wu J, Huang J. 2012. Distinguishing between human-induced and climate-driven vegetation changes: a critical application of RESTREND in Inner Mongolia. Landscape Ecology, 27: 969-982.

第二章　内蒙古气候与气候变化特征

第一节　内蒙古气候特点

内蒙古草原区在地理位置上处于中高纬度，以温带大陆性季风气候为主，远离海洋，干燥少雨，昼夜温差较大，具有较高的气候敏感性和生态脆弱性。草原区划类型由东向西依次为草甸草原区、典型草原区、荒漠草原区和草原化荒漠区。气温分布自东向西递增，其变化表现出 4 个方面的特点：冬季漫长而严寒，可长达 200 天左右；夏季短促而温热，一般为 90～100 天；春季温度骤增，4 月比 3 月气温上升可达 7℃之多，5 月比 4 月高 6～8℃；秋季温度剧降，月际降温可达 6～10℃；气温年较差和日较差均大，年较差一般为 33～34℃，年平均日较差一般为 12～16℃。降水特征为：降水量偏低且自东南向西北递减，东部大兴安岭山地和西辽河流域南部山区年降水量可达 450mm，由此向西北内陆各地区逐渐减少，到西部巴彦淖尔—阿拉善高平原仅 100mm 左右，再偏西不足 50mm；冬春少雨雪，降水集中在夏季，通常 6～8 月的降水量占全年降水量的 60%～75%，大部分地区降水量一般为 150～200mm；降水变率大，保证率低，降水变率表现为从东向西逐渐加大，一般西部是东部的 2～6 倍，月份和季节降水量的年际变化可达十几倍甚至几十倍，对于天然牧草和农作物的生长发育与生产量，保证率很低；降水量少，蒸发量大，自东向西降水量逐渐减少，年蒸发量逐渐增大，乌兰察布、巴彦淖尔北部和鄂尔多斯高原西部地区，年蒸发量为 2400～3400mm，最大值多出现在 5～6 月，全区各地年蒸发量相当于年降水量的 3～5 倍，西部一些地区可超过 10 倍。

综上所述，内蒙古草原区夏季温热而短促，冬季寒冷而漫长，气候干旱，雨水稀少，春冬季风多，空气干燥，属典型的大陆性干旱气候。

一、气象观察与气候变化研究

（一）气象观察与台站概况

1. 1950 年前的历史记录

内蒙古如呼和浩特等一些地区人类活动历时悠久，许多事件都有清晰的历史记载，气象记录同样也不例外。呼和浩特地区较系统的定性降水（旱、涝、正常）记载可上溯到 13 世纪（邹铭，1989），从 1271 年到 1920 年，历时 650 年，基本未间断。20 世纪 20 年代后，呼和浩特地区有了较正规的近代气象记录，1920 年有了准确的降水记录，1929 年以后有了准确的温度记录（宫德吉，1995）。内蒙古东部地区的海拉尔自 1801 年、通辽自 1909 年有了初步的气象记录（尤莉等，2002）。此外，安德斯·斯文·赫定（Anders Sven Hedin）带领的中瑞中国西北科学考察团于 1927～1929 年在内蒙古中西部地区考察，留下了一些气象资料，较完整的有达茂旗的百灵庙和额济纳旗。这些历史气候记录是研究内蒙古地区气候变化的宝贵资料。

2. 1950 年后的现代记录

内蒙古全区系统的现代气象观察开始于 20 世纪 50 年代初。全区先后建立了覆盖全区的 119 个气象台站，包括 13 个国家基准气候站、34 个国家基本气象站、72 个国家一般气象站。其中 117 个台站承担生态气象观测，24 个台站承担农业气象观测，12 个台站承担高空观测，5 个台站承担新一代天气雷达观测，6 个台站承担数字化天气雷达观测，8 个台站承担气象辐射观测，8 个台站承担酸雨特种观测，8 个台站承担沙尘暴观测，4 个台站承担大气成分监测；全区现已建成 450 个区域自动气象站（内蒙古气象局，http://nm.cma.gov.cn）。

（二）气候变化研究进展

内蒙古地区较系统的气候变化研究始于 20 世纪 50 年代末，繁盛于 21 世纪，特别是 2005 年后，发表了大量的研究论文。

1. 2000 年前气候变化研究

1976 年，中国科学院内蒙宁夏综合考察队编著了《内蒙古自治区及其东西部毗邻地区气候与农牧业的关系》一书，该书是对 20 世纪 50 年代末到 60 年代中期内蒙古地区系统的气候考察与研究的总结，书中分析了内蒙古地区区域气候特点、历史时期的气候变化及气候对农牧业生产的影响，该书揭开了内蒙古地区气候及其对生态系统影响研究的序幕，具有划时代的意义。

1989 年，北京师范大学邹铭利用历史文献与现代气象记录分析了 13 世纪以来（1271～1980 年）内蒙古土默川地区降水变化，建立了每 10 年的干湿指数系列，并进行了敏感度分析。研究发现在百年尺度上，该地区从 13 世纪以来经历了 4 个干旱期，平均长度为 67.5 年；5 个湿润期，平均长度为 88 年，1890 年后为第 5 个湿润期，到 1980 年已持续近百年；在百年尺度内，本区存在 10～100 年的波动，近 245 年来，具有 4 个完整的干湿循环，干、湿期平均长度分别为 29.6 年和 24.3 年，1967 年后进入第 5 个干湿循环的干期阶段（邹铭，1989）。同年，东北师范大学顾卫等利用近、现代气象资料分析了 1920～1984 年内蒙古东部地区温度与降水变化，发现该地区 20 世纪 20 年代以来，先后出现了 3 个高温期（1930～

1940年、1953～1963年、1974～1984年）和多雨期（1925～1937年、1952～1963年、1974～1984年），2个低温期（1920～1929年、1964～1973年）和少雨期（1938～1951年、1964～1973年），各年代（10年）间气温最大可差0.4℃，平均降水量最多可差60mm（顾卫等，1989）。

进入20世纪90年代，随着全球气候变化研究的兴起，内蒙古作为对气候变化敏感的区域，受到了广泛的关注，陆续发表了一些利用现代气象资料分析气候变化的研究成果。1992年苏维词利用1959～1987年气象资料分析了内蒙古准格尔旗30年的气候变化，发现该地区降水变化比气温变化更显著，冬季气温有上升的趋势，而降水季节有提前的趋势。随后内蒙古气象台的宫德吉等（宫德吉和江厚基，1994；宫德吉，1995）利用1990年前气象资料，对内蒙古降水与温度变化进行了分析，这是利用历史资料与近、现代气象记录首次对内蒙古整个区域气候变化进行初步研究。分析发现，内蒙古地区近40年（1951～1990年）来气温以每年0.36℃的速度升高，且升温主要出现在冬季，1月平均每10年升高0.57℃，7月仅升高0.12℃；北部地区升温幅度较南部地区大，东部偏南地区夏季温度不但没升高，反而有所降低（如赤峰）；大部地区的降水减少，80年代（1981～1990年）大部地区的平均降水量比50年代（1951～1960年）减少40～70mm，相当于当地降水量的10%～25%，个别地区增加，如海拉尔、乌兰浩特等。内蒙古自治区气候中心刘晓峰和樊建平（1994）、内蒙古水文总站托亚和李海英（1994）等也有类似研究结果。同时托亚和李海英还首次对蒸发量与降水量比值进行了分析，认为从50年代到80年代其比值趋于增大，全区干旱和半干旱地区范围扩大，干旱严重。此后，一些局部地区的相关文章中也有所体现（肖向明和王义凤，1996；杨持和叶波，1996；许志信和白永飞，1997）。1998年中国国家气候中心的任福民利用1951～1990年气象数据对我国极端气温变化进行了分析，其中涉及内蒙古地区，认为冬季极端最低温度明显出现全国性的增加趋势，内蒙古中部及华北、江淮流域、华南沿海和新疆北部等地区增温超过1℃/10a；秋季极端最低温度在全国大部地区表现出增加趋势，较强的增温趋势出现在东北、内蒙古中东部及新疆北部的部分地区；春季极端最低温度在内蒙古中东部及东北和华北大部增加趋势最强，一般都大于1℃/10a；夏季极端最低温度有明显增加趋势的区域是内蒙古东部及东北和黄河下游。

2. 2000年后气候变化研究

进入21世纪后，全球气候变化已成为多个学科的国际研究热点，涉及内蒙古地区气候变化研究的论文迅速增加，特别是2005年后，数量激增。就其研究的空间尺度，可划分为两类：整个内蒙古地区及区内地区分析。

整个区域的分析研究较系统的代表性成果主要有：内蒙古自治区气象局尤莉

等（2002）对 1950～1999 年内蒙古 40 个气象站月平均气温和降水量资料进行了系统的区域与季节变化分析，并结合历史资料分析了呼和浩特 265 年、海拉尔 200 年和通辽 92 年的干湿变化规律。研究发现：①1950～1999 年内蒙古地区普遍增温，温度以 0.37℃/10a 的速度上升，其中冬季（12 月至翌年 2 月）增温最为显著，增幅为 0.67℃/10a，春季（3～5 月）为 0.43℃/10a，秋季（9～11 月）为 0.27℃/10a，夏季（6～8 月）仅为 0.14℃/10a；②气温的区域变化表现在呼和浩特及其以西地区和呼伦贝尔平均气温增幅在 0.5～0.8℃/10a，其他地区在 0.3～0.5℃/10a；1950～1999 年全区降水量有减少，其减少速率为 4.5mm/10a，而 70 年代以后的 30 年降水量明显增加，增幅为 13mm/10a，年降水量有 7 年、11 年和 22 年的显著周期；③内蒙古地区年降水量 70%左右集中在夏季，秋季和春季各占 10%～20%，冬季降水量仅占年降水量的 2%左右，夏季降水量与年降水量的变化趋势有很好的一致性，1950～1999 年春季与秋季降水量有所下降；④降水量变幅最大的为冬季，相对变率为 27%，其次是春季和秋季，分别为 24%和 21%，夏季降水量变率最小，为 15%；⑤夏季和年降水量与当年夏季的气温有很好的负相关关系，表明夏季水、热不同步，夏季气温高，当年夏季和年降水量则较少，夏季低温则降水量较多，秋季的降水量与次年春季的气温呈显著的负相关关系，秋季降水量多，次年春季气温较低，反之则春季偏暖；⑥内蒙古地区降水量与气温变化存在 30 年、20～25 年、15 年、8 年和 2 年的显著周期（尤莉等，2002）。

北京大学路云阁等（2004）利用小波变换对内蒙古 27 个气象台站 40 年（1956～1995 年）的年平均气温和降水量数据进行多尺度分析，发现内蒙古气温变化的空间分布格局具有明显的纬度特征，降水量变化基本上体现了一种沿经度分布的空间格局。大时间尺度存在非常明显的气候由湿润到干燥的变化趋势；中小尺度上干湿状况变化较复杂。

内蒙古自治区气象台张存厚等（2007）利用内蒙古 35 个气象站 1960～2004 年逐日蒸发皿蒸发量资料，分析了内蒙古不同生态类型区域蒸发量的变化，1960～2004 年，内蒙古地区蒸发量的年际变化和全国大部分地区的总体变化趋势相似，呈现出波动式下降趋势，且下降幅度明显。各生态类型除大兴安岭森林区和草甸草原区夏季平均蒸发量略有上升外，其余地区各季节平均蒸发量均出现波动式下降趋势，其中荒漠草原区变化幅度最大，最大、最小值相差 1053mm；大兴安岭森林区变化幅度最小，最大、最小值相差 379mm。

中国农业科学院兰玉坤（2007）基于内蒙古全区 52 个气象观测站 1961～2005 年常规气象资料，分析了内蒙古地区气候变化特征。气温变化特征与规律基本与前期研究者尤莉等（2002）的结论相似，但认为内蒙古地区总降水量呈略增加趋势，1961～2005 年增加了 48mm 左右，这与尤莉等提出的 70 年代以后的 30 年降水量明显增加的结论相似。此外，20 世纪 90 年代之后，东部地区降水量呈减少趋势，中西部地区呈明显的增加态势。同年，该院硕士研究生马瑞芳（2007）利用分别分布于草甸草原、典型草原和荒漠草原的呼伦贝尔市海拉尔区和鄂温克旗、锡林郭勒盟锡林浩特市、巴彦淖尔市乌拉特中旗 4 个气象站 1956～2006 年气象资料进行分析也得到类似的结论。

内蒙古自治区气象局裴浩等（2009）基于 1964～2003 年内蒙古 47 个国家基本气象站的逐日气温数据，对前 20 年（1964～1983 年）和后 20 年（1984～2003 年）的候平均气温中值进行了对比，分析了内蒙古气温变化的时空特点和规律，结果表明：绝大部分地区大多数候平均气温都有所上升，并存在纬向地带性，北部变暖比南部更为明显；绝大部分地区候最高、最低气温都有所升高，但二者的差值在缩小，时空均一性有所增强，最高气温出现时间与最低气温出现时间的间隔有扩大迹象；内蒙古东部和中部最高气温的同质性加强，但在西部异质性有所增强。

美国托莱多（Toledo）大学 Lu 等（2009）利用内蒙古全区 51 个气象站 1955～2005 年气象资料分析表明，年日平均（annual daily mean）、最高（maximum）与最低（minimum）温度增加，而年较差（diurnal temperature range，DTR）减小；平均温度（T_{mean}）上升幅度为 0.35℃/10a，最高温度（T_{max}）上升幅度为 0.23℃/10a，最低温度（T_{min}）上升幅度为 0.48℃/10a，较大的最低温度变化与较小的最高温度变化导致年较差（DTR）将达−0.26℃/10a；同时对降水等研究发现：年降水量下降趋势不明显，但饱和水汽压差（vapor pressure deficit，VPD）显著增加，且 DTR 与 VPD 具有从森林到荒漠的明显梯度变化，森林区变率较小，而荒漠区变率较大；在 10 年尺度上，变暖与变干趋势后 30 年较前 20 年显著。该研究所得气温变化结论基本与上述中国学者的结论一致，但降水变化结论不完全一致。

日本爱媛大学（Ehime University）张国刚利用 1956～2006 年内蒙古全区 47 个气象站资料分析表明，平均温度上升幅度为 0.41℃/10a，而年降水量略有下降，但不及温度变化明显，其结论基本与中国其他学者一致。该研究对潜在蒸散量（potential evapotranspiration，PET）进行了分析，表明年均 PET 由于温度升高和降水减少而剧烈增加，这与张存厚等（2007）的研究结果不同。

除上述针对温度、降水及蒸发的研究外，其他气象要素的分析也有涉及。内蒙古自治区气象科研所陈素华和宫春宁（2005）利用 1951～2006 年气象资料分析发现随着气温的升高，无霜期延长，积雪、雷暴、冰雹、大风、沙尘暴日数减少。

涉及内蒙古地区气候变化的研究文献大部分为地区性或局部地区研究。特别是作为内蒙古草原主要分布区的，也是对气候变化最敏感和变化较复杂的内蒙古中、东部地区，已有大量的文献，其代表性的成果如下。

内蒙古自治区气候中心白美兰等（2008）利用 50 多年的温度和降水资料，对内蒙古东部地区气候变化进行了分析，所得结论与其他区域的研究结论基本一致，特别是南北增温的差异值得关注：位于北部的海拉尔气温增高最为显著，增温速率为 0.55℃/10a，1951～2004 年气温增幅在 2℃以上；其次是乌兰浩特，1951～2004 年增温 1.8℃左右，增温速率为 0.43℃/10a；南部的赤峰、通辽气温增幅较小，增温速率为 0.32℃/10a。这与路云阁等（2004）、裴浩等（2009）研究得出的气温升高存在纬向地带性的结论一致。此外，其研究发现内蒙古东部地区降水波动性较大，但进入 90 年代以后，就降水总量而言没有明显减少，部分地区反而有增加，但极端气候事件增多，暴雨或特大暴雨出现概率增加，小雨日数减少，水分的利用效率降低。沈阳区域气候中心的赵春雨等（2009）采用 1956～2005 年气象数据对包括内蒙古东部地区的整个东北的气候变化进行了分析，发现除温度普遍升高外，1956～2005 年东北地区年降水量除黑龙江的漠河、内蒙古的海拉尔和赤峰略增加以外，其他大部地区呈减少趋势，蒸发量、日照时数、平均风速和相对湿度均呈减少趋势，蒸发量减少速率为 4mm/10a，日照时数减少速率为 30h/10a，年平均风速减少速率为 1m/（s·10a），平均相对湿度减少速率为 3%/10a。其他学者也有关于日照时数减少的报道（侯琼等，2008）。此外，内蒙古东部地区一些局部点的研究也见于一些气候变化对生态系统影响的文章中（赵哈林等，2008a，2008b）。

内蒙古典型草原区气候变化的研究文献较多，多见于气候变化对生态系统影响的分析中（侯琼等，2006；阿如旱和杨持，2007；云文丽等，2008），所得结论基本与全区的结论相近。

对阿拉善荒漠区气候变化分析的研究也较多。尤莉等根据内蒙古阿拉善地区 1961～2000 年 40 年的沙尘暴、扬沙资料，发现阿拉善地区沙尘暴出现日数在减少。乌兰图雅和党拜（2005）在全面分析额济纳旗 1957～2001 年气候变化及其特征的基础上，认为额济纳旗气温持续上升，降水量呈波动式下降，导致沙尘天气增多，气候的总体特征为不断干旱化。

上述众多研究表明内蒙古地区自有气象记录以来到现在，主要的气候变化表现为：①年平均气温以上升趋势为主，与全球气候变暖趋势一致。其中冬季增暖贡献最大，冬季平均温度及平均最低气温的升幅均大于年平均温度、夏季平均温度和平均最高气温。②降水的变化趋势不显著，区域差异明显，并有周期性振荡。③风速降低，蒸发量降低。④极端气候增多。

总的来说，内蒙古气候变化研究大多数以气温与降水为主。其他气象因子如辐射、饱和水汽压差的变化较少受到关注，作为蒸散的主要影响因子的风速更少受到重视。蒸散是气候变化对陆地表层实施影响的关键过程，而辐射和诸如饱和水汽压差及风速等空气动力学因子是控制蒸散的关键因子。另外，对极端气候的研究重视不够，内蒙古地处干旱半干旱地区，极端气候特别是极端干旱对生态系统影响较大。同时，对全球气候变化引发的季节气候变化重视仍不足。

二、气候变化对生态系统影响研究

（一）主要研究概况

1. 2000 年前（初级阶段）

《内蒙古自治区及其东西部毗邻地区气候与农牧业的关系》（1976 年）一书无疑是关于内蒙古地区气候对草原生态系统影响的早期研究，但不是真正现代意义的气候变化研究。1989 年，东北师范大学顾卫等（1989）分析了 20 世纪 50～80 年代温度与降水变化对草场类型边界的影响，算是真正现代意义的气候变化对草地生态系统影响的研究。

20 世纪 90 年代中后期，中国科学院植物研究所肖向明和王义凤（1996）应用 Century 生态系统模型模拟内蒙古锡林河流域羊草草原和大针茅草原 1980～1989 年的生物量动态，并估测气候变化和大气 CO_2 浓度倍增对典型草原初级生产力与土壤有机质含量的影响，发现气候变化将导致羊草草原和大针茅草原初级生产力与土壤有机质含量显著下降，这是国内首次出现的气候变化对草地生产力及土壤有机碳影响的文献，也是 Century 模型首次应用在我国气候变化对草原生态系统影响的研究中。内蒙古大学杨持和叶波（1996）初步分析了内蒙古草原 1950～1990 年气候变化对植物物种多样性的影响，这是首个涉及气候变化对草地生物多样性影响的文献。许志信与白永飞（1997）首次初步分析了草原退化与气候变化的关系。内蒙古大学牛建明和吕桂芬（1999）采用美国生态学家 Holdridge（1947）的生命地带分类系统对内蒙古的生命地带类型、分布及其对未来气候变化的响应进行了研究，预测了气候变化后生命地带类型及其面积的变化，这是国内首次将生命地带方法应用于气候变化对草地生态系统影响的研究中。

2000 年，我国一些学者在国际全球气候变化研究逐渐兴盛之际，开始了气候变化对草原生态系统影响的尝试性研究，所发表的研究成果不多，涉及的研究范围与研究深度也很有限，处于研究的初级阶段。

2. 2000 年后（发展阶段）

进入 21 世纪，关于气候变化对内蒙古草原生态系统各个方面影响的文章迅速增加，特别是 2005 年后，数量激增。根据其研究内容，大致可分为如下 3 个方面。

（1）气候变化对草地分布及其生态系统生产力的影响

草地生产力变化是气候变化研究中最活跃的内容，已有大量的文献发表。

2001 年内蒙古大学牛建明应用 Holdridge 生命地带方法，分析了气候变化对草原生产力的影响，认为随着全球气候变化，草原生产力明显下降，气候变化的作用在本区的东部和南部表现为随草原空间分布而迁移，在西部干旱地区荒漠草原则导致生产力迅速下降。中国科学院植物研究所李镇清等（2003）根据中国科学院内蒙古草原生态系统定位研究站（IMGERS）1982～1998 年的观测资料，利用 Holdridge 生命地带系统的气候指标分析了我国典型草原区的气候变化及其对净第一性生产力的影响，发现随着气候变暖净第一性生产力 1993 年以后有明显的下降趋势，冬季增温使该地区春季干旱进一步加剧，并使典型草原的生产力下降。日本爱媛大学张国刚（2010）用 Holdridge 生命地带模型（Holdridge life zone，HLZ）研究发现，气候变化引起了暖温型、中温型等草原类型分布和生产力变化，并预测了未来气候变化后的结果，所得结论基本与牛建明等（牛建明等，1999；牛建明，2001）的一致。中国农业科学院硕士研究生马瑞芳（2007）也用上述模型对内蒙古草地生产力与气候变化关系进行了研究，也有类似的结论。

2004 年中国科学院大气物理研究所李银鹏和季劲钧（2004）在大气植被相互作用模型（AVIM）基础上发展了一个区域评估模型（AVIMia），评估了放牧利用和气候变化对草地生产力与载畜量的影响，认为内蒙古草地区域生产力剧烈的年际变化与降水量密切相关，而与温度没有密切的相关性，过牧可能是内蒙古草地大面积退化、沙化的主要原因，超过气候变化的影响。

美国亚利桑那州立大学袁飞等（2008）以 1980～1999 年中国科学院内蒙古草地生态系统定位研究站提供的实际观测气象与生物量（干质量）资料，利用 Century 模型分析了气候变化对内蒙古锡林河流域羊草草原的影响，模拟了在未来气候变化及大气 CO_2 浓度增高条件下的年地上净初级生产力（ANPP）动态，结果表明 Century 模型可以较好地预测 ANPP 的变化，全球气候变化所引起的温度和降水改变及大气 CO_2 浓度升高都会影响 ANPP，但降水是关键的影响因子。

内蒙古自治区气象科学研究所云文丽等（2008）利用净第一性生产力（NPP）模型分析发现，利用温度和降水建立的 NPP 模型在典型草原区的模拟结果与实测地上生物量的变化趋势相一致，降水和温度变化对 NPP 的影响并不明显，而是更多地影响具体年份的 NPP 变化，20 世纪 50 年代至今 NPP 变幅增大。内蒙古自治区生态与农业气象中心闫伟兄等（2009）利用 1960～2004 年内蒙古典型草原区 55 个气象站的气象数据，采用 Holdridge 生命地带系统的气候指标和 NPP 区域估算模型，研究了内蒙古典型草原区植被净第一性生产力（NPP）对气候变化的响应，发现 1960～2004 年典型草原区年 NPP 和春、夏、秋 3 个季节的 NPP 均呈现增加趋势，其中夏季是 NPP 增加速率最快、增加幅度最大的季节；不同区域年 NPP 均有增加趋势，其中以中部最为明显。

北京大学王钧和蒙吉军（2009）基于 AVHRR GLOPEM NPP 数据集及相应时段的气候数据集，通过对逐个像元信息的提取与分析，研究了 1981～2000 年内蒙古中部地区植被净初级生产力退化的状况及其与气候变化的相关性，发现不同植被类型对气候变化表现出不同的响应特征，该区降水量年际变化对植被生产力的影响要高于气温年际变化对其的影响，植被净初级生产力年际变化的区域性差异比较明显。

北京大学何玉斐等（2008）发现 Miami 和 Thornthwaite Memorial 气候模型更能反映草地生产潜力随气候要素的变化规律。天津气候中心的高洁等（2009）根据内蒙古中部草原各样点 1961～2007 年的气候数据，基于 Miami 和 Thornthwaite Memorial 气候模型，分析研究区域不同草原类型草地生产潜力和影响气候生产潜力的气候因子，研究发现在内蒙古中部草原降水量是影响牧草产量和气候生产潜力的主要气候因子，在未来气候“暖干化”的趋势下，研究区域温度升高增加的气候生产潜力小于由蒸散量增加引起的减产作用，因而草地气候生产潜力下降。

（2）气候变化对草地生态环境（退化、沙化等）的影响

关于气候变化对草地退化、沙化等草地生态环境的影响在 2000 年后也有一些文献发表。2002 年内蒙古农业大学李青丰等以降水量和气温两个主要气象因子分析了内蒙古草原区 1970～1999 年 30 年的气候变化对草地退化的影响，认为仅根据目前的气象和草地监测资料，尚难以做出草地气候趋于干旱，进而引起草地生态系统劣变的结论，放牧是该区的主要土地利用形式，而气候变化对生态系统劣变仅起了推波助澜的作用。陈素华和宫春宁（2005）则认为气候变化使内蒙古草原的生态环境有所好转，当前存在的草原退化现象主要应归咎于不合理的人为活动。

沙地与湿地是内蒙古草原生态系统的重要类型，也是对气候变化最敏感的类型。一些学者研究发现以气温和降水为主的气候变化是引起内蒙古东部达里诺尔地区湖泊演化的主导因素，而目前人类活动对该地区沙漠化与湿地演变的影响保持在较低水平（周哲和杨小平，2004；韩芳等，2007）。白美兰等（2006，2008）研究发现由于气候变化，浑善达克沙地流动沙地面积不断增加，沙漠化正在扩展。气候变化加剧了内蒙古东部地区干旱化的程度，由此引起一系列生态环境问题，如湿地萎缩、草场退化等。

（3）气候变化对生物多样性的影响

杨殿林等（2007）利用 1959～2004 年气候资料和 1981～2004 年草地群落定位监测资料研究发现，当前气候变暖的幅度尚没有对羊草草甸草原群落生产力和群落组成产生明显影响，群落建群种羊草、日荫菅薹草和主要伴生种贝加尔针茅、山野豌豆、地榆、肾叶唐松草、直立黄耆、变蒿、红柴胡、寸草苔地上初级生产力与年平均气温的相关关系不显著，群落中占总地上生物量 6.04%的线叶菊、麻花头和蓬子菜地上初级生产力对气候变暖的响应更显著。何京丽等（2009）利用内蒙古鄂温克旗草甸草原地区 1981～1990 年的气象资料和植被调查资料，分析

了气候变化对草甸草原植物群落特征和主要优势植物的影响，发现研究区域的气候具有逐渐变暖的趋势，降水增多，提高了该地区植物多样性。

赵哈林等（2008a，2008b）利用1992～2006年在科尔沁沙地草地进行的放牧和封育实验，发现暖湿气候有利于草地物种丰富度和多样性的增加，特别是其可以明显促进多年生植物及菊科、豆科植物多样性的增加，而持续暖干气候可以降低草地的物种丰富度和多样性，但对禾本科和藜科植物多样性的不利影响较小。

（二）研究存在的主要问题

通过上述分析可知，气候变化对内蒙古草地生态系统影响的研究存在如下问题。

1）气候变化对内蒙古草地生态系统影响的研究主要集中在温度与降水等对草地生产力及草地退化、沙化等草地生态环境的影响上。但由于研究区域、数据来源及分析方法不同，通常有不一致的结论。较一致的结论是气候变化中的温度升高通常对草地生产力影响较小，降水是主要的影响因子。

2）气候变化对土壤有机碳库、生物多样性影响的研究较少，深度不够，特别是其对冬季室温土壤碳库的影响没有受到足够的重视。

3）关于其他气候因子变化对草原生态系统影响的研究较少。

4）对极端气候对草原生态系统的短期与长期影响重视不足。

5）季节气候变化对生态系统影响的研究严重不足，特别是季节降水格局变化对草原生态系统影响很大。我们观察发现，典型草原春季降水较多的年份群落中羊草生物量大增，反之则针茅生物量较高；8月中旬以前降水对草地生态系统有决定性的影响，8月中旬以后即使降水再多，对当年草地生产力也无多大贡献。

6）模型研究较混乱。Holdridge 的生命地带模型更适合于大时空尺度植被变化研究，应用于十几年尺度的气候变化研究时效果较差。

第二节　近期气候变化规律

一、1962～2011年内蒙古草原区的温度变化特征

由图2.1和表2.1可知，全草原区1962～2011年年平均气温增长速率为0.49℃/10a，典型草原区气温与全区的变化曲线基本一致，且增温速率为0.50℃/10a；草甸草原区的增温速率为0.48℃/10a，相当于全区的平均水平；荒漠草原区增温速率达到0.54℃/10a，是全区增温速率最快的区域；而草原化荒漠区增温速率为全区最低，为0.46℃/10a。

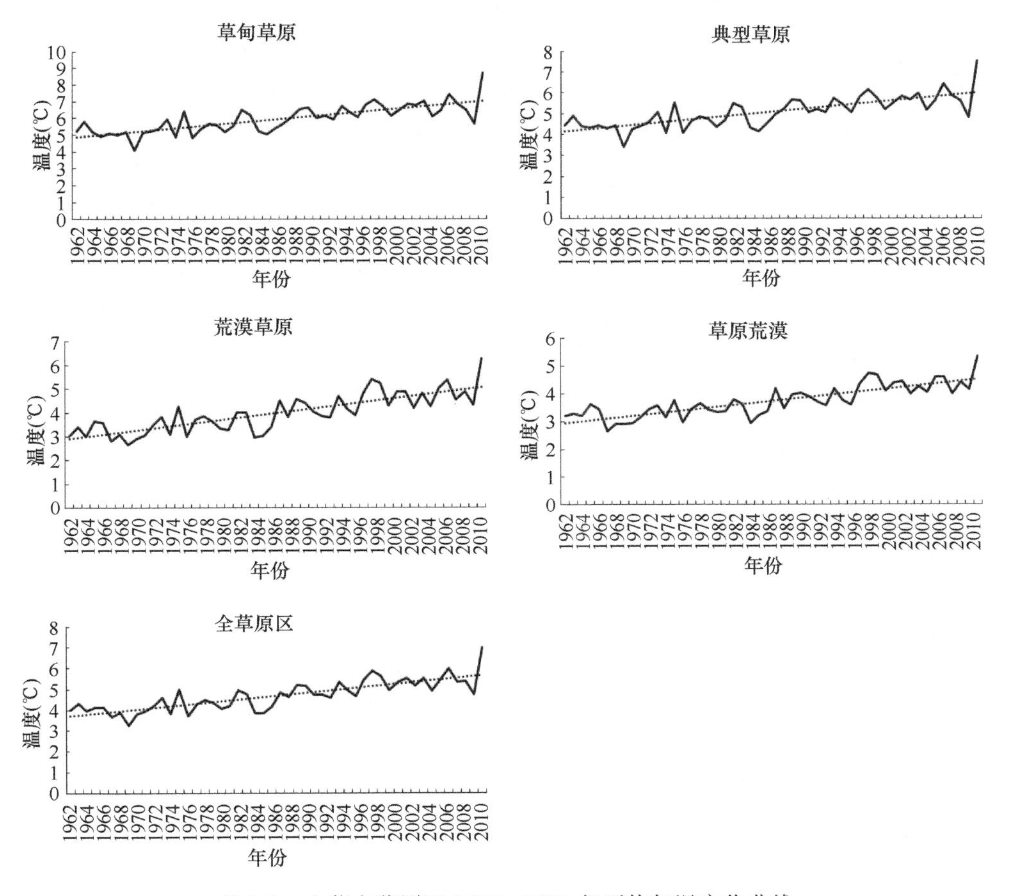

图 2.1　内蒙古草原区 1962～2011 年平均气温变化曲线

表 2.1　内蒙古不同类型草原区每 10 年平均气温变化

年份		草甸草原	典型草原	荒漠草原	草原化荒漠	全草原区
1962~1971	平均值（℃）	5.08	4.31	3.12	3.13	3.91
1972~1981	平均值（℃）	5.47	4.66	3.55	3.41	4.27
	变化速率（℃/a）	0.039	0.035	0.043	0.028	0.036
1982~1991	平均值（℃）	5.92	5.03	3.88	3.65	4.62
	变化速率（℃/a）	0.045	0.037	0.033	0.024	0.035
1992~2001	平均值（℃）	6.45	5.49	4.51	4.11	5.14
	变化速率（℃/a）	0.053	0.046	0.063	0.046	0.052
2002~2011	平均值（℃）	6.84	5.86	4.86	4.39	5.49
	变化速率（℃/a）	0.039	0.037	0.035	0.028	0.035

内蒙古草原区气温的年代间变化为，在每 10 年的时间序列中气温均呈现平稳升高的趋势。在 1962～1971 年草甸草原区的平均气温为 5.08℃，典型草原区的平均气温为 4.31℃，荒漠草原区的平均气温为 3.12℃，草原化荒漠区的平均气温为 3.13℃，全草原区的平均气温为 3.91℃。在之后的第二个 10 年各草原区气温变化速率为 0.28～0.43℃/10a，第三和第四个 10 年全草原区平均气温变化速率分别为 0.35℃/10a 和 0.52℃/10a，到第五个 10 年各草原区平均气温均升高 1.5℃左右。

二、1962～2011 年内蒙古草原区的降水变化特征

由图 2.2 和表 2.2 可知，内蒙古草原区各类型草地年降水量的变化特征相类似，皆具有较大的波动性，年间的变化幅度较大，但是在整个时间序列中总降水量并没有呈现显著上升或下降的趋势。

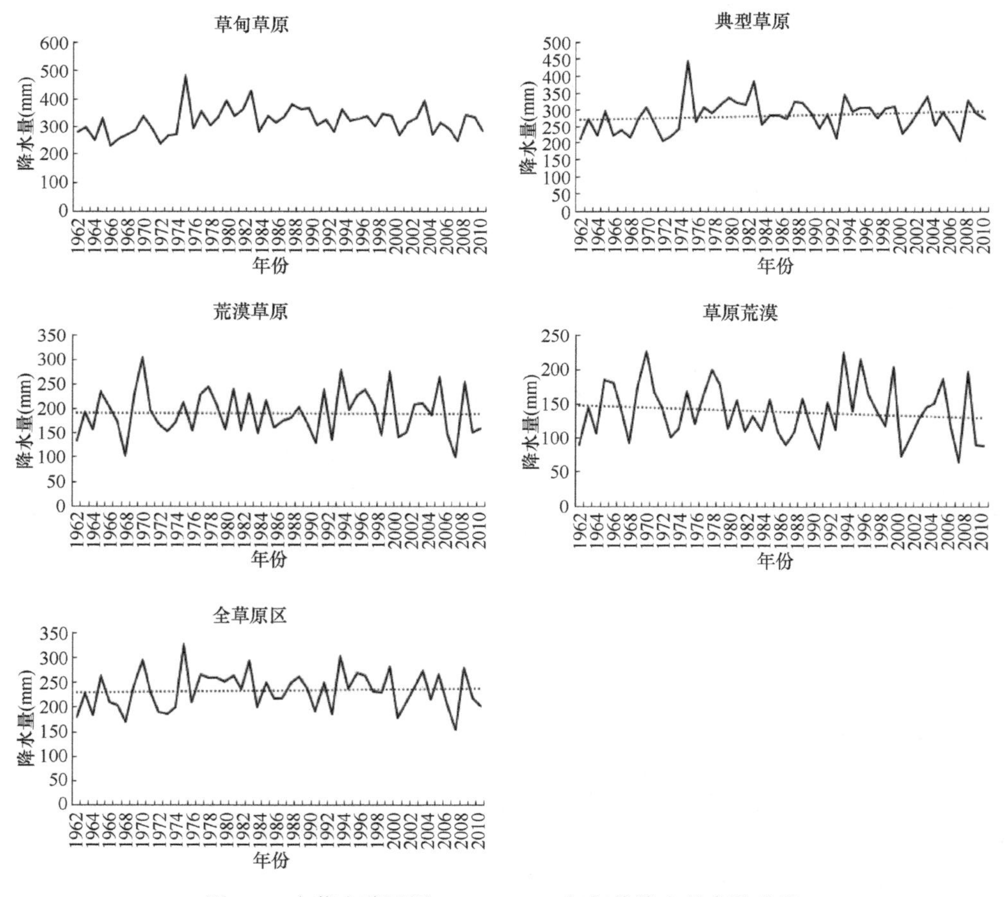

图 2.2　内蒙古草原区 1962～2011 年年均降水量变化曲线

表 2.2　内蒙古不同类型草原区每 10 年年均降水量变化

		草甸草原	典型草原	荒漠草原	草原化荒漠	全草原区
1962~1971	平均值（mm）	283.55	251.62	192.24	148.81	219.06
1972~1981	平均值（mm）	324.11	289.16	189.83	146.97	237.52
	变化速率（mm /a）	4.1	3.75	−0.24	−0.18	1.84
1982~1991	平均值（mm）	350.78	306.10	188.06	125.06	242.50
	变化速率（mm /a）	2.67	1.69	−0.17	−2.19	0.49
1992~2001	平均值（mm）	324.85	289.73	207.05	154.74	244.09
	变化速率（mm /a）	−2.59	−1.63	1.89	2.96	0.16
2002~2011	平均值（mm）	308.82	274.77	179.59	121.35	221.13
	变化速率（mm /a）	−1.60	−1.49	−2.74	−3.34	−2.23

年代间降水量的变化具体表现为，第二个 10 年和第三个 10 年全草原区及草甸草原、典型草原的年均降水量有少量增加，而荒漠草原和草原化荒漠的年均降水量有少量降低；而第四个 10 年，草甸草原、典型草原的年均降水量相比第三个 10 年有所减少，荒漠草原与草原化荒漠及全草原区相比第三个 10 年有所增加；至第五个 10 年，草甸草原、典型草原、荒漠草原、草原化荒漠及全草原区的年平均降水量整体低于第四个10年；全草原区的年平均降水量与第一个10年相差不大，仅为2.07mm。

第三节　未来气候变化趋势

一、未来年平均气温变化

基准年时段内蒙古自治区的年平均气温在−4.1～10.8℃，全区平均温度为 5.1℃，总体来说，《IPCC 排放情景特别报告（SRES）》A2、B2 两种情景下，未来 100 年该区年平均气温的变化速率范围基本没有变化，但平均温度有明显提高（表 2.3）。A2 情景下，2020s、2050s、2080s 三个时段全区年平均温度的平均值分别为 5.8℃、8.5℃和 11.4℃，全区年平均气温的最低值和最高值的增幅与全区状况一致，全区三个时段最低值比基准年时段分别增加 0.9℃、3.5℃和 6.4℃，最高值比基准年时段分别增加 0.9℃、3.8℃和 7.1℃（表 2.3）。B2 情景下，全区年平均气温在 2020s、2050s 和 2080s 分别为 5.3℃、6.3℃和 7.0℃，相比之下，A2 情景下全区温度急剧上升，2080s 全区气温平均值和最低值增量都超过 100%，而 B2 情景下内蒙古自治区的温度增加平缓，这种形势在 2020s 还不明显，从 2050s 时段开始，两种情景的增温差距明显显现，2080s 两种情景下，全区平均值的差异达 4.4℃，最高、最低值的差异分别达到 4.4℃和 5.1℃，与基准年相比的升温幅度分别达 86.7%、107.3%和 47.2%。

表 2.3　气候变化情景下内蒙古气温（℃）及其变化幅度（%）

时段	情景	平均值	变化幅度	最低值	变化幅度	最高值	变化幅度
BS		5.1		−4.1		10.8	
2020s	A2	5.8	13.7	−3.2	22.0	11.7	8.3
	B2	5.3	3.9	−3.8	7.3	11.0	1.9
2050s	A2	8.5	66.7	−0.6	85.4	14.6	35.2
	B2	6.3	23.5	−2.8	31.7	12.0	11.1
2080s	A2	11.4	123.5	2.3	156.1	17.9	65.7
	B2	7.0	37.3	−2.1	48.8	12.8	18.5

二、未来相对湿度变化

内蒙古自治区未来相对湿度平均值低于基准年（表 2.4）。未来各时段，内蒙古相对湿度在东北部逐渐减小，相对湿度＞70%的地区逐渐移出内蒙古；中部地区的相对湿度则经历了先减小后增大的过程；西部地区的相对湿度逐渐增大，各湿润度界限西移，且 A2 情景下的变化更为明显，但平均来看，内蒙古自治区未来各时段相对湿度的平均值和最高值、最低值变化都不是很明显。

表 2.4　未来内蒙古自治区全区相对湿度（%）及其变化幅度（%）

时段	情景	平均值	变化幅度	最低值	变化幅度	最高值	变化幅度
BS		58.7		28.6		87.4	
2020s	A2	53.5	−8.9	30.4	6.3	73.4	−16.0
	B2	54.2	−7.7	30.6	7.0	73.8	−15.6
2050s	A2	55.2	−6.0	30.9	8.0	72.3	−17.3
	B2	53.2	−9.4	31.0	8.4	73.5	−15.9
2080s	A2	53.6	−8.7	31.5	10.1	71.1	−18.6
	B2	54.0	−8.0	31.3	9.4	73.2	−16.2

未来气候变化情况下，内蒙古自治区的相对湿度趋于中间化，即相对湿度的高值、低值分别减小和增大，对应的面积也逐步减小，A2 情景下的变化趋势大于 B2 情景。两种情景下，相对湿度小于 40%和大于 60%的地区都在逐步减少，未来 100 年这两类地区的总面积在 A2、B2 两种情景下分别减少 31.1%和 42.3%，并且相对湿度＜30%和＞80%的地区完全移出内蒙古；相对湿度为 40%～60%的地区总面积上升明显，到 2080s 时段，A2、B2 两种情景下分别比基准年时段增加 60.3%和 82.1%，未来 B2 情景下内蒙古自治区的相对湿度更均一。

三、湿润度的变化分析

基准年时段内蒙古自治区湿润度（用伊万诺夫湿润度公式计算）在 0.4～0.6 的区域分布面积最广，其次是湿润度<0.13 的地区，分别占全区面积的 20.0%和 35.3%，总和超过全区面积的一半。湿润度在 0.20～0.30 和 0.60～1.00 的区域面积相当，湿润度在 0.13～0.20 和>0.10 的区域面积最小，未来气候变化并没有改变湿润度的这种分布趋势（表 2.5）。

表 2.5　未来内蒙古全区年均湿润度指数

时段	情景	平均值	最低值	最高值
BS		0.494	0.065	2.546
2020s	A2	0.452	0.064	2.105
	B2	0.453	0.052	0.204
2050s	A2	0.413	0.070	1.715
	B2	0.439	0.053	2.078
2080s	A2	0.383	0.074	1.404
	B2	0.434	0.052	2.009

气候变化使得内蒙古自治区的湿润度不断下降，但全区湿润度的平均值都在 0.30～0.60。A2、B2 两种情景下，内蒙古自治区湿润度<0.13 的极干旱地区和>1.00 的湿润地区的面积都有较为明显的下降，湿润度在 0.13～0.60 的区域的面积有较为明显的增加，而在 0.60～1.00 的区域的面积变化不是很明显，湿润度在 0.30～1.00 的草原面积不断增加。因此可知，气候变化使得内蒙古自治区极干旱的西部荒漠地区气候暖湿化，而湿润的北部山地气候暖干化，由干旱向湿润过渡的半干旱、半湿润区域扩大。A2 情景极干旱地区的面积减少少于 B2 情景，而湿润地区的面积减少多于 B2 情景，因而，未来内蒙古自治区 A2 情景将比 B2 情景干燥。

参 考 文 献

阿如旱, 杨持. 2007. 近 50 年内蒙古多伦县气候变化特征分析. 内蒙古大学学报(自然版), 38(4): 434-438.

白美兰, 郝润全, 邸瑞琦, 等. 2006. 内蒙古东部近 54 年气候变化对生态环境演变的影响. 气象, 32(6): 31-36.

白美兰, 郝润全, 沈建国. 2008. 近 46a 气候变化对呼伦湖区域生态环境的影响. 中国沙漠, 28(1): 101-107.

陈素华, 宫春宁. 2005. 内蒙古气候变化特征与草原生态环境效应. 中国农业气象, 26(4): 246-249.

高浩, 潘学标, 符瑜. 2009. 气候变化对内蒙古中部草原气候生产潜力的影响. 中国农业气象, 30(3): 277-282.
宫德吉. 1995. 近 40 年来气温增暖与内蒙古干旱. 内蒙古气象, (1): 16-21.
宫德吉, 汪厚基. 1994. 内蒙古干旱现状分析. 内蒙古气象, (1): 17-23.
顾卫, 杨美华, 刘海燕. 1989. 气候振动对内蒙古东部半干旱地区草场生态的影响. 干旱区资源与环境, (3): 59-63.
韩芳, 李兴华, 高拉云. 2007. 内蒙古达里诺尔湖泊湿地动态的遥感监测. 内蒙古农业大学学报(自然科学版), (1): 74-78.
何京丽, 珊丹, 梁占岐, 等. 2009. 气候变化对内蒙古草甸草原植物群落特征的影响. 水土保持研究, 16(5): 131-134.
何玉斐, 赵明旭, 王金祥, 等. 2008. 内蒙古农牧交错带草地生产力对气候要素的响应——以多伦县为例. 干旱气象, 26(2): 84-89.
侯琼, 杨泽龙, 杨丽桃, 等. 2008. 1953-2005 年内蒙古东部产粮区气候变化特征研究. 气象与环境学报, 24(3): 6-12.
李喜仓, 郭瑞清, 杨丽桃, 等. 2009. 近 50 年内蒙古东部水热变化及对农业的影响. 地理科学, 29(5): 755-759.
李青丰, 李福生, 乌兰. 2002. 气候变化与内蒙古草地退化初探. 干旱地区农业研究, 20(4): 98-102.
李镇清, 刘振国, 陈佐忠, 等. 2003. 中国典型草原区气候变化及其对生产力的影响. 草业学报, 12(1): 4-10.
李银鹏, 季劲钧. 2004. 内蒙古草地生产力资源和载畜量的区域尺度模式评估. 自然资源学报, 19(5): 610-616.
刘晓峰, 樊建平. 1994. 内蒙古地区气候突变诊断分析. 内蒙古气象, (1): 23-26.
兰玉坤. 2007. 内蒙古地区近 50 年气候变化特征研究. 北京: 中国农业科学院硕士学位论文.
路云阁, 李双成, 蔡运龙. 2004. 近 40 年气候变化及其空间分异的多尺度研究——以内蒙古自治区为例. 地理科学, 24(4): 432-438.
马瑞芳. 2007. 内蒙古草原区近 50 年气候变化及其对草地生产力的影响. 北京: 中国农业科学院硕士学位论文.
牛建明. 2001. 气候变化对内蒙古草原分布和生产力影响的预测研究. 草地学报, 9(4): 277-282.
牛建明, 吕桂芬. 1999. 内蒙古生命地带的划分及其对气候变化的响应. 内蒙古大学学报(自然版), (3): 360-366.
裴浩, Alex C, Paul W, 等. 2009. 近 40 年内蒙古候平均气温变化趋势. 应用气象学报, 20(4): 443-450.
任福民. 1998. 1951-1990 年中国极端气温变化分析. 大气科学, 22: 217-227.
苏维词. 1992. 内蒙古准格尔旗三十年来的气候变化及未来十年气候. 干旱区地理(汉文版), (1): 29-34.
托娅, 李海英. 1994. 气候变化对内蒙古水资源的影响. 内蒙古气象, (1): 27-31.
王钧, 蒙吉军. 2009. 1981-2000 年内蒙古中部地区植被净初级生产量变化研究. 北京大学学报(自然科学版), 45(1): 158-164.
乌兰图雅, 党拜. 2005. 内蒙古额济纳旗近 50 年的气候变化及其影响分析. 内蒙古师大学报(自然汉文版), 34(4): 498-501.

肖向明, 王义凤. 1996. 内蒙古锡林河流域典型草原初级生产力和土壤有机质的动态及其对气候变化的反应. 植物生态学报(英文版), (1): 45-52.

许志信, 白永飞. 1997. 草原退化与气候变化. 草原与草坪, (3): 16-20.

闫伟兄, 陈素华, 乌兰巴特尔, 等. 2009. 内蒙古典型草原区植被 NPP 对气候变化的响应. 自然资源学报, 24(9): 1625-1634.

杨持, 叶波. 1996. 草原区区域气候变化对物种多样性的影响. 植物生态学报, 20(1): 35-40.

杨殿林, 李长林, 李刚, 等. 2007. 气候变化对内蒙古羊草草甸草原植物多样性和生产力的影响. 昆明: 全国农业环境科学学术研讨会.

尤莉, 沈建国, 裴浩. 2002. 内蒙古近50年气候变化及未来10～20年趋势展望. 内蒙古气象, (4): 14-18.

袁飞, 韩兴国, 葛剑平, 等. 2008. 内蒙古锡林河流域羊草草原净初级生产力及其对全球气候变化的响应. 应用生态学报, 19(10): 2168-2176.

云文丽, 侯琼, 乌兰巴特尔. 2008. 近 50 年气候变化对内蒙古典型草原净第一性生产力的影响. 中国农业气象, 29(3): 294-297.

张存厚, 吴学宏, 李永利. 2007. 内蒙古近 45a 蒸发量气候变化特征分析. 干旱区资源与环境, 21(12): 93-98.

赵春雨, 任国玉, 张运福, 等. 2009. 近 50 年东北地区的气候变化事实检测分析. 干旱区资源与环境, 23(7): 25-30.

赵哈林, 大黑俊哉, 李玉霖, 等. 2008a. 人类放牧活动与气候变化对科尔沁沙质草地植物多样性的影响. 草业学报, 17(5): 1-8.

赵哈林, 大黑俊哉, 周瑞莲, 等. 2008b. 人类活动与气候变化对科尔沁沙质草地植被的影响. 地球科学进展, 23(4): 408-414.

周哲, 杨小平. 2004. 近 30 年来内蒙古东部达赉诺尔湖泊地区沙漠化与湿地演变初探. 第四纪研究, 24(6): 678-682.

邹铭. 1989. 十三世纪以来内蒙古土默川地区降水变化研究. 干旱区资源与环境, (3): 102-111.

Holdridge L R. 1947. Determination of world plant formations from simple climatic data. Science, 105(2727): 367-368.

Lu N, Wilske B, Ni J, et al. 2009 Climate change in Inner Mongolia from 1955 to 2005-trends at regional, biome and local scales. Environmental Research Letters, 4(4): 045006.

Zhang G G, Kang Y M, Han G D, et al. 2010. Effect of climate change over the past half century on the distribution, extent and NPP of ecosystems of Inner Mongolia. Global Change Biology, 17: 377-389.

第三章　气候变化对草地生态系统及其畜牧业的影响

第一节　气候变化对草地生态系统影响的研究进展

一、气候变化对草地植物生理生态的影响

气候因素作为草地生态系统的重要环境影响因子，其变化对草地植物生理生态特征的影响较为显著。当环境温度超过临界温度阈值时，植物结构和细胞功能损伤，以致原生质立即死亡（蒋高明，2001）。关于植物适应高温的机制，近来许多学者（Filella et al.，1998；Singsaas and Sharkey，2000）认为高温主要是破坏光系统Ⅱ，但高 CO_2 浓度可抵消部分这种作用。另有人发现，在高温下植物合成释放异戊二烯减少，从而使植物通过内部机制调整生化合成速率，以免受高温（尤其是短时间内的温度升高）损伤（Singsaas and Sharkey，2000）。目前国际上众多学者采用原状土植被移栽于不同海拔、人工温室、土壤加热等模拟实验及模型模拟、水热梯度样带等不同方法对全球增温对植物生理生态特征可能产生的影响开展了大量的研究（Krankina et al.，1997；Oleksyn et al.，2001；王玉辉和周广胜，2004）。

高温将降低高 CO_2 浓度对生物量的正效应，并减弱高 CO_2 浓度对植物生产力的增强效应，而干旱则减少碳水化合物积累，反馈于光合作用，以阻止光合作用下调过程（Huxman，1998）。CO_2 浓度升高将导致光合速率升高，但不同物种的增加幅度不同（Curtis，1996；郑凤英和彭少麟，2001）。叶片气孔导度与 CO_2 呈显著负相关（Bunce，2001）。CO_2 浓度倍增（700μmol/mol）将导致作物生育期呈缩短趋势，且 C_3 作物较 C_4 作物显著（符淙斌和严中伟，1996）。一般而言，CO_2 浓度升高，植物气孔导度变小，减弱了蒸腾作用，却不影响 CO_2 的摄取，导致水分利用效率提高（高亮之和金之庆，1994）。CO_2 浓度增加，使植物碳水化合物和氨基酸总量及地上部生物量的碳氮比增加，对地下部碳氮比的影响则不显著（周广胜等，1997）。高温使植物光合作用受阻，净光合速率明显下降，并且影响光合产物的输出与向库器官的分配。植物蒸腾作用对温度的敏感性高于光合作用，且不同基因型适应性有别。

高浓度 CO_2 促进植物根、幼苗生长和叶片增厚，降低气孔密度、气孔导度及蒸腾速率，增加水分利用效率、作物产量及生物量，促进乙烯生物合成，增强植

物的抗氧化能力（欧志英和彭长连，2003）。CO_2浓度增加对植物叶片CO_2同化速率的正效应随着温度的增加而增强（Casella et al.，1996），但在温度过高时则呈下降趋势，尤其是夜间平均温度升高刺激暗呼吸将导致碳损失量增加，低温条件下的正效应可忽略。CO_2浓度升高对植物具有施肥效应，但水分胁迫可在一定程度上减弱CO_2的施肥效应（高素华等，2002）。CO_2浓度升高使光合速率增加，蒸散量减少，水分利用效率（WUE）增加，减缓干旱的不利影响，增强作物对干旱胁迫的抵御能力。水分胁迫下，C_3和C_4作物对CO_2浓度升高的响应主要为WUE及生产力增加。在CO_2浓度倍增、水分胁迫，以及CO_2浓度倍增与水分胁迫协同作用下，羊草均表现出根冠比增加的现象，反映了羊草对不同环境胁迫的适应对策（周广胜等，2002）。CO_2浓度、气温及降水等关键生态因子的复合变化将对植物生长发育和自然生态系统产生综合影响。

水分胁迫下，植物净光合速率、叶绿素含量均下降，气孔阻力增加。土壤水分变化影响植物的生长发育进程，干旱将导致植物生育期缩短、干物质积累减慢。植物蒸腾速率对水分胁迫的反应很敏感，受气孔调节的影响，不同物种蒸腾作用及水分利用效率对水分变化的反应差异明显。草原地区绝大多数植物为C_3植物，在空气湿度下降时午间光合作用降低，而土壤水分亏缺与大气干旱配合加剧了午间光合作用降低程度（陈佐忠，1999），因此温度升高对其生长将产生不利影响（方精云，2000）。苏波等（2000）在中国东北森林-草原陆地样带草原区研究发现，相当一部分植物种水分利用效率均随年均降水量和年均气温增加而呈不同程度的降低趋势，另外部分植物种则随环境因子变化不大。可见，不同植物种的水分利用状况对环境梯度变化的响应不同，不同植物种具有不同的适应环境变化的策略。

二、气候变化对草地空间格局和种类组成的影响

生态系统的结构和物种组成是系统稳定性的基础，生态系统的结构越复杂、物种越丰富，则系统表现出越良好的稳定性，其抗干扰能力越强；反之，其结构越简单、种类越单调，则系统的稳定性越差，抗干扰能力越弱。千万年来，不同的物种为了适应不同的环境条件而形成了其各自独特的生理和生态特征，从而形成现有的不同生态系统的结构和物种组成。由于原有系统中不同的物种对CO_2浓度上升及由其引起的气候变化的响应存在很大的差别，因此气候变化将强烈地改变生态系统的结构和物种组成。高温限制了北方物种分布的南界，而低温则是热带和亚热带物种向北分布的限制因素。在未来气候变化预测中，全球平均温度将升高，尤其是冬季低温的升高，打破嗜冷物种原有的休眠节律，使其生长受到抑制；但对于嗜温性物种来说则非常有利，温度升高不仅使它们本身无须忍受漫长

而寒冷的冬季，而且有利于其种子的萌发，使它们演替更新的速度加快，竞争能力提高。气温升高也将导致地面蒸散作用增强，使土壤含水量减少，植物在其生长季节中出现水分严重亏损，从而使其生长受到抑制，甚至出现落叶及顶梢枯死等现象而衰亡。但是对于一些耐旱能力强的物种（如一些旱性灌丛）来说，这种变化将会使它们在物种竞争中处于有利的地位，从而得以大量地繁殖和入侵。冬季和早春温度的升高还会使春季提前到来，从而影响植物的物候，使它们提前开花放叶，这将对那些在早春完成其生活史的植物产生不利的影响，甚至有可能使其无法完成生命周期而灭亡，从而导致草地生态系统的结构和物种组成改变。有害物种往往有较强的适应能力，它们因更能适应强烈变化的环境条件而处于有利地位，因此气候变化可能使它们更容易侵入到各个生态系统中，从而改变草地生态系统的种类组成和结构。草地生态系统中禾本和木本植物的数量易受气候的影响。

气候变化将改变牧草分布的高度，导致植物区系组成发生变化，即草地类型在景观上的迁移。气候变暖将使中国北方牧区变得更加暖干，目前的各类草原界限将会东移（王馥堂，2003），就青藏高原、天山、祁连山等高山草场而言，如果温度升高，各类草地的分布界限将相应上移。当温度升高、降水增加时，西北地区的草原和稀疏灌木草原、草甸与草本沼泽的面积将有所扩大，部分沙漠被荒漠植被代替。而当温度升高、降水减少时，西北地区的草原和稀疏灌木草原、草甸与草本沼泽的面积缩小，荒漠植被将被取而代之，荒漠化严重，农业生产受到威胁。若温度上升3℃，各类草原界限相应就会上移300～600m。在平均气温增加2℃、年平均降水量增加20%和年平均气温增加4℃、年平均降水量增加20%两种气候变化情景下，温带草原会遭到一定程度的压缩，我国温带荒漠的面积会大大增加（张新时，1993）。其中内蒙古暖温型草原带的面积分别是变化前的2.6倍和3.3倍，寒温型和中温型的面积显著减少，草甸草原带在面积锐减后从内蒙古消失，典型草原带面积有所减少，但变化较其他类型缓慢（牛建明和吕桂芬，1999）。CO_2加倍时北方牧区的气候将会变得更加暖干，各干旱地区的草场类型将会向湿润区推进，即目前的各草原界限将会东移。根据模型预测CO_2和温度升高后草地分布边界的改变，不同模型模拟结果不同，取决于植被分类、综合环境模型（GCM）的假设和对目前植被分布所做的假设。

我国目前旱区（包括干旱、半干旱和半湿润地区）面积为367.3万km^2，占国土面积的38.3%。研究指出，干旱区的温度自20世纪70年代以来呈上升趋势，降水量在60年代下降，70年代起缓慢增加。研究表明，如果温度上升1.5℃，我国旱区总面积将增加18.8万km^2，约占国土面积的2%，这将减少我国的草原面积，为荒漠化扩展提供了潜在的条件。

三、气候变化对草地生态系统功能的影响

绿色植物通过光合作用固定太阳能的初级生产过程是生态系统能量流动的开端，是生态系统的重要功能之一。除了植物自己呼吸消耗的一部分能量以外，植物初级生产过程中在单位时间和单位面积上所积累的有机干物质总量称为植被净第一性生产力（NPP）。NPP 不仅为生态系统次级生产提供能量和物质基础，而且是生态系统自身健康和生态平衡的重要指示因子以及判定碳汇和调节生态过程的主要因子。因此，NPP 的动态监测将有助于区域初级、次级生产的合理布局和动植物资源的可持续利用，以及在调节全球碳平衡、减缓温室效应及维护全球气候稳定等全球变化热点问题研究中具有特别重要的意义。

气候变化影响生态系统生产力是一个复杂的过程，对这些过程深入了解有助于对生态系统生产力进行估计、预测和管理。我国典型草原区羊草样地的地上生物量自 1993 年以后有明显的下降趋势，冬季增温使该地区春季干旱进一步加剧，并使典型草原的生产力下降（李镇清等，2003）。观测表明，气候变化使中国内蒙古的草地生产力普遍下降（牛建明和吕桂芬，1999）。内蒙古锡林郭勒草地在短短的 10 年左右时间内，各旗县草地生产力平均下降了将近 50%，尤以原来产量较高的旗县为甚，最高下降了近 70%（李青丰等，2002）。1988～1995 年荒漠草原区的气温上升，而降水量无明显变化，但其归一化植被指数（normalized difference vegetation index，NDVI）呈下降趋势，利用模型计算出的同期植被盖度和 NPP 也呈下降趋势（李晓兵等，2002）。1959～1994 年祁连山海北州牧草的年净生产量普遍下降（李英年和张景华，1997）。20 世纪 90 年代青藏高原牧草高度与 80 年代末期比较，普遍下降 30%～50%（张国胜等，1999），天然草地鲜草产量和干草产量均呈减少趋势。

通过实验室和实际场地的实验研究探测气候环境对生态系统生理生态过程的影响机制是最基础的方法，但同时进行物理的、生物化学的各种过程长时间（如植物生长期）的观测是相当复杂、不易实现的。当前发展起来的基于生态系统生理生态各个过程的动态的生态系统模式和地表物理传输模型相结合的模式为研究气候变化影响生态系统的过程机制提供了一种可能，可以在一定程度上揭示气候环境变化下生产力形成的过程。我国植被年净第一性生产力与年降水量的相关性好于植被年净第一性生产力与温度之间的相关性，可以认为降水是我国植被净第一性生产力的主要限制因子（朴世龙等，2001）。在太行山区现有基础上降水增加 10%和 20%都显著增加了植被的生产力（杨永辉等，2004）。降水每增加 10%大概可提高植被生产力 15%，而 3℃的增温又基本抵消了降水增加 10%对植被生产力的正作用，因此温度每增加 1℃，可能使植被生产力有 5%的减少趋势，降水增加或减少 10%大概可使植被生产力增加或减少 15%左右（杨永

辉等，2004）。年均温增加 2℃和 4℃、年降水量增加 20%的预测情景下，中国自然植被净第一性生产力均有所增加（周广胜和张新时，1995）。未来 200 年气温逐渐上升对草地生产力也会产生影响，但在降水没有相应增加的情况下，空气中 CO_2 浓度的增加对以 C_3 植物为主的草地生产力影响较小（Mitchell and Csillag，2000）。利用 1994～1999 年数据研究整个凉湿气候带的草地时发现，环境 CO_2 的倍增可以使草地生态系统的生产力平均提高 17%，但是对 CO_2 的响应在各个站点、草地类型和季节间存在很大差别（Campbell and Stafford，2000）。在一些地区，气温和夏季降水的增加、霜冻日数的减少，将促进一年生或多年生亚热带 C_4 植物向温带 C_3 草本植被区推进，这可能会引起饲料质量下降、热季生产力增加；C_4 植物的侵入也许能在一定程度上抵消由 CO_2 升高而引起的产量增加。

CO_2 浓度变化将对西北草原和荒漠植被的群落结构与生产力产生重要影响。虽然许多草场建群种的禾本科牧草是 C_4 植物（如典型草原主要建群种羊草），CO_2 浓度增加对其影响不大，但占相当大比例的豆科、菊科、十字花科、百合科等牧草大多数是 C_3 植物，这些植物将由于 CO_2 浓度升高而逐渐占优势，草场种群结构相应调整，并使草地净第一性生产力增加，对牧业有利。气候变化对草原生产力的影响在不同草原区有所不同。对干旱、半干旱牧区来说，水分是牧草生长发育的主要限制因子，因此温度升高对牧草生长的作用不明显，且在水分严重不足区，温度升高会加剧蒸发，使土壤干旱而加重牧草的水分胁迫，如增温 3℃典型草原和荒漠草原的生产力没有提高，但其随降水的增多而迅速提高。湿冷、高寒牧区水分供应充足，温度是草原生产力的主要限制因子，温度升高可以延长牧草生长期，增加生产季积温，提高光合作用效率，从而提高草地生产力。

采用数值模拟方法对未来气候情景下中国东北样带草地生产力做了预测，在温度不变、降水增加时，草地生产力增加；降水不变、温度增加时，生产力下降（肖向明等，1996）。温带草原地带在增温后大部分地区 NPP 的增加幅度一般为 1～2t DM/（$hm^2 \cdot a$）。利用 Century 模型模拟表明，气候变化将导致羊草草原和大针茅草原初级生产力与土壤有机质含量显著下降，羊草草原比大针茅草原对气候变化更为敏感（肖向明等，1996）。在气候变化和大气 CO_2 浓度倍增共同作用时，由于 CO_2 的补偿作用，羊草草原和大针茅草原初级生产力下降的幅度显著降低（Xiao et al.，1995）。在地球物理流体动力学实验室（GFDL）气候变化情景和 CO_2 浓度倍增条件下，大针茅草原的初级生产力增加 2%（肖向明等，1996）。利用 Chikugo 模型预测，在 CO_2 浓度倍增、温度上升 2℃、降水增加 20%条件下，中国温带草原区生产力增加 1t/hm^2（张新时，1993）。

四、气候变化对草地生态系统其他方面的影响

在气候变化和人类活动的双重影响下，近年来出现了草地大范围严重退化、湖泊萎缩、河流流量减少、土壤沙化和水土流失等生态问题，已成为社会、经济、生态可持续发展的巨大障碍。草地退化是气候或人为干扰超过草地生态系统自我调节能力的阈值，使其自身难以恢复而向相反方向发展出现逆向演替变化的现象。李金花等（2004）认为内蒙古典型草原近年来的气候变化（尤其是高温和干旱）加剧了该区草原的退化过程。青海草原退化是自然因素、生物因素、人为因素共同作用的结果，其中气候变化和人类活动是导致草原退化的主要因素（秦海蓉和孔庆秀，2004）。长江—黄河源区随着温度的升高和降水量的波动变化，1956～2001 年区域内呈现出冰川、冻土加速消融，湖泊、沼泽疏干退化加剧的趋势（谢昌卫等，2004）。高清竹等（2005）根据退化草地修复技术规范和藏北地区草地退化实际情况及遥感数据特征，对藏北地区 1981～2004 年的草地退化进行遥感监测和评价，发现藏北地区冰川与雪山及其周围等对气候变化较为敏感区域和交通要道沿线等人类活动较为频繁区域的草地退化相对严重。其中，气候变化可能是直接原因，或加剧草地退化等生态过程，或至少有推波助澜的作用（李青丰等，2002）。施雅风等（1995）认为 21 世纪中国西北部干旱区正处于气候暖干化、水资源萎缩过程中；预估 2030 年左右，西北山区升温 1℃，降水与蒸发都有相当量的增加，平原区积雪减少，高山区积雪增加，冰川加快萎缩，许多小冰川消失，河川径流量变率加大，湖泊大部分仍处于负平衡状态，进一步萎缩。由于我国草原区未来气温升高，降水可能趋于更不稳定并且略有增加或减少，则地表蒸发大幅度上升，植物（包括农作物）蒸腾作用增大，对水分需求增加，因此未来草原区的水资源将趋于更加紧张，草地退化和沙漠化进程呈加剧的态势。

气候变化对荒漠化的影响表现在对荒漠化的范围、发展速度和强度影响及潜在危险性方面（慈龙骏和杨晓晖，2004）。气候变暖后，草原区干旱出现的概率将增大，持续时间将延长；草地土壤侵蚀严重，土壤肥力将降低；草地在干旱气候、荒漠化、盐碱化的作用下，初级生产力下降；草地景观呈荒漠化趋势。根据 1950 年、1970 年和 1980 年的航片资料，1950～1980 年内蒙古草原区沙地、流沙面积明显增大，其中流沙面积增加 2～3 倍。20 世纪 50 年代草原区 50%～70%的高草和密草群落，到 80 年代变成低矮而稀疏的植被。另外，内蒙古高原西部荒漠带与草原带的分界线及荒漠草原亚带与典型草原亚带的分界线（北段）在 1960～1980 年东移了大约 100km，移动速度平均为 3～5km/a。

第二节　模拟气候变化对草地生产力与生物多样性的影响

一、增温增雨对草原群落环境的影响

（一）增温增雨对克氏针茅草原群落空气温度的影响

对照样地（CK）气温均低于 CT（增温 2℃）和 CTW（增温 2℃并增雨 20%）处理样地；因增雨影响，CTW 处理样地气温低于 CT 处理样地（表 3.1）。不同处理间白天与夜间温度差异明显，日最高气温与日最低气温差异更为显著，克氏针茅草原昼夜温差较大。CTW 处理的全天平均温度较对照样地增加不明显，甚至在 7 月时低于对照样地，CT 处理相比 CK 的温度增加范围一般在 2.5℃以内，仅在 8 月时达到 3.61℃。不同处理的日最高气温均出现在 7 月或 8 月，为植被生长最为旺盛的季节（表 3.1）。

表 3.1　不同处理生长季气温多重比较（℃）

月份	处理	全天	白天	夜间	日最高	日最低
5 月	CK	13.48±0.09b	18.31±0.19c	8.69±0.18b	24.15±0.08b	4.19±0.22c
	CT	15.87±0.23a	21.87±0.34b	9.63±0.36b	29.50±0.45a	4.14±0.54c
	CTW	13.71±0.14b	16.65±0.15d	11.29±0.19a	22.77±0.47b	7.97±0.07a
6 月	CK	18.10±0.08a	23.05±0.21c	13.35±0.31b	31.83±0.43b	8.63±0.43c
	CT	19.81±0.12a	25.96±0.08b	14.07±0.17ab	35.88±0.58a	9.16±0.16b
	CTW	19.39±0.13a	23.62±0.16c	15.20±0.15a	34.53±0.45ab	11.60±0.26a
7 月	CK	21.73±0.08b	26.69±0.35b	16.82±0.16b	35.21±0.27b	10.88±0.18b
	CT	24.29±0.11a	29.72±0.22ab	19.34±0.19a	40.57±0.45a	11.93±0.22b
	CTW	20.99±0.31b	21.22±0.18c	20.78±0.08a	25.44±0.54c	18.64±0.09a
8 月	CK	18.54±0.14c	24.97±0.13b	13.24±0.24b	33.52±0.65b	8.35±0.15c
	CT	22.15±0.12a	29.57±0.21a	15.08±0.08ab	39.62±0.26a	9.47±0.37b
	CTW	20.30±0.23b	24.75±0.17b	16.50±0.15a	31.65±0.45b	13.24±0.35a
9 月	CK	17.15±0.33c	24.38±0.16c	9.59±0.65b	30.90±0.39b	4.63±0.13c
	CT	19.08±0.09ab	27.62±0.25b	10.11±0.21b	35.91±0.41a	5.46±0.15b
	CTW	18.39±0.17b	24.52±0.14c	12.17±0.38a	30.93±0.33b	8.46±0.26a

注：不同小写字母表示不同处理间差异显著（$P<0.05$），下同

（二）增温增雨对克氏针茅草原群落土壤温度的影响

整个生长季中，土壤的温度变化范围为 13.85～24.13℃，且最高温度出现在 7 月，为 24.13℃，P（增雨 20%）处理的土壤温度低于增温处理，但未达到显著水平（表 3.2）。

表 3.2　土壤日均温度多重比较（℃）

月份	CK	CT	CTW	P
5 月	13.85±0.15a	14.05±0.55a	14.00±0.14a	13.47±0.47a
6 月	19.92±0.19a	19.95±0.09a	19.06±0.16a	19.16±0.19a
7 月	24.13±0.24a	23.49±0.54a	22.59±0.45a	22.91±0.41a
8 月	22.12±0.22a	22.91±0.29a	20.78±0.28ab	21.96±0.21a
9 月	19.25±0.25ab	20.31±0.24a	18.28±0.19ab	18.59±0.15ab

同一处理全天温度平均值、白天温度平均值与夜间温度平均值之间差异并不显著，土壤温度在昼夜间的变化较为平缓，波动较小；但日最高与日最低温度差异显著（表 3.3）。

表 3.3　生长季土壤温度多重比较（℃）

处理	全天	白天	夜间	最高	最低
CK	19.86±0.18a	19.79±0.09a	19.82±0.19a	25.39±0.37ab	15.87±0.16ab
CT	20.14±0.25a	20.32±0.23a	20.08±0.20a	23.92±0.29b	16.87±0.17a
CTW	18.94±0.19b	19.97±0.17a	18.00±0.18b	27.68±0.27a	14.75±0.15b
P	19.21±0.21ab	19.55±0.55a	19.00±0.19ab	23.74±0.47b	15.64±0.15ab

（三）增温增雨对克氏针茅草原群落土壤湿度的影响

图 3.1 为对照样地的土壤相对湿度动态，结果显示土壤湿度的变化趋势与降水呈现出一致性。

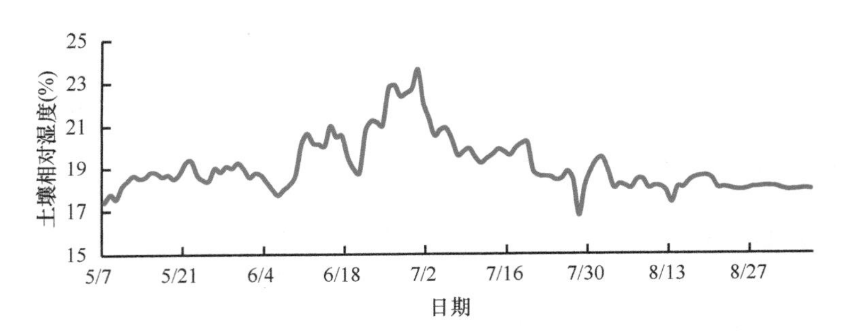

图 3.1　对照样地土壤相对湿度动态

从不同处理的土壤湿度增幅来看（图 3.2），不同处理的土壤湿度增幅并没有一致性，但 P 处理的土壤湿度增幅要高于（CT）处理；且不同处理的土壤湿度增幅近乎为负值，CT、CTW、P 处理依次为−0.74 个百分点、−0.92 个百分点、−0.17 个百分点。

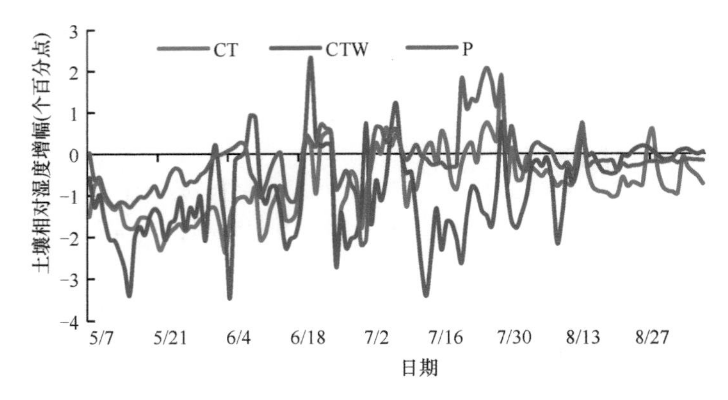

图 3.2 不同处理土壤相对湿度增幅

二、增温增雨对草原群落特征的影响

（一）增温增雨对克氏针茅草原物种多样性的影响

1. 物种重要值

研究区域以克氏针茅和羊草为建群种，糙隐子草、银灰旋花、刺藜、瓣蕊唐松草和冷蒿为主要伴生种。建群种中，CT 处理的克氏针茅重要值最高，生长季平均重要值为 0.46，羊草的重要值在生长季呈降低趋势，平均值为 0.33。CTW 和 P 处理出现的物种数多于其他处理。生长季中群落物种的重要值变化明显。CTW 和 P 处理羊草重要值为先降低后升高，平均重要值分别为 0.40 和 0.49。P 处理克氏针茅重要值呈先升高后降低趋势，平均值为 0.30。主要伴生种中，糙隐子草和银灰旋花最为常见，其中糙隐子草在 CK 和 CTW 处理的平均重要值均为 0.14，在 P 处理为 0.12，在 CT 处理最低，是 0.09。而银灰旋花则与其不同，在 CT 处理最高，为 0.18，在 CTW 处理最低，为 0.08，在 CK、P 处理居中，分别为 0.12、0.07（表 3.4）。

2. 群落密度、高度、生物量变化

不同处理群落密度的月动态如图 3.3 所示，P 处理高于其他处理，生长季平均密度为 75 株/m^2；6 月和 7 月，CT 处理显著低于 P 处理，群落密度分别为 22.75 株/m^2 和 46.75 株/m^2；8 月，P 处理群落密度显著高于另外三个处理，为 74 株/m^2。群落高度的变化与群落密度有些不同，6 月各处理间均没有显著差异；7 月和 8 月，CK 和 P 处理低于其他处理，分别为 59.33cm、49.88cm 与 62.35cm、56.26cm。群落生物量变化与群落密度变化趋势基本一致，整个生长季各个月份中， CK 和 P 处理高于其他处理，生长季平均生物量分别为 41.93g/m^2 和 51.62g/m^2，CT 和 CTW 处理低于其他处理，分别为 31.48g/m^2 和 33.12g/m^2（图 3.3）。

表 3.4　植物群落组成及其重要值季节变化

物种	CK			CT			CTW			P		
	6 月	7 月	8 月	6 月	7 月	8 月	6 月	7 月	8 月	6 月	7 月	8 月
羊草	0.37	0.39	0.31	0.37	0.30	0.31	0.47	0.33	0.39	0.49	0.44	0.53
克氏针茅	0.39	0.34	0.38	0.48	0.44	0.45	0.33	0.30	0.33	0.26	0.34	0.29
糙隐子草	0.15	0.14	0.13	0.06	0.10	0.11	0.09	0.15	0.17	0.11	0.14	0.11
银灰旋花	0.09	0.13	0.14	0.16	0.18	0.18	0.06	0.07	0.11	0.08	0.06	0.08
刺藜	—	0.03	—	—	0.13	0.13	—	0.11	0.03	0.08	0.03	0.04
瓣蕊唐松草	0.04	—	—	—	—	—	0.07	0.08	0.07	0.05	—	—
冷蒿	—	0.05	—	—	—	—	0.09	0.04	0.04	—	0.02	0.04
猪毛菜	—	0.04	—	—	—	—	—	—	—	—	0.05	—
黄耆	—	—	—	—	0.02	—	—	0.03	0.02	—	—	—
展枝唐松草	—	—	—	—	—	—	—	0.04	—	—	0.02	—
黄囊薹草	—	—	—	—	—	—	—	—	—	0.05	—	—

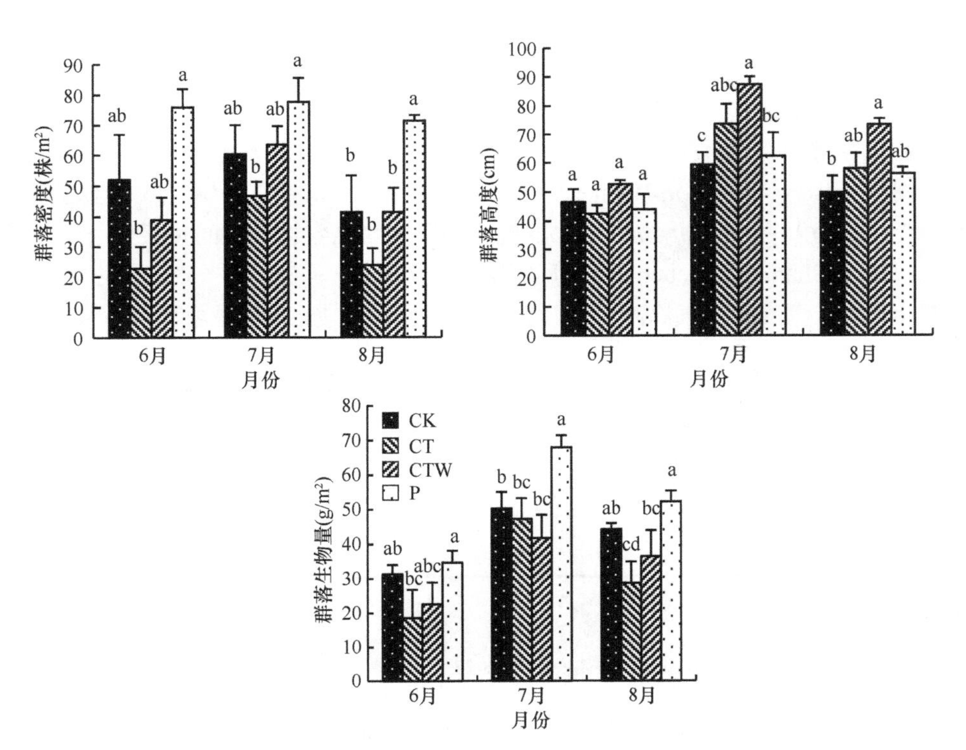

图 3.3　群落密度、高度、生物量的月动态

不同小写字母表示不同处理间差异显著（$P<0.05$）

3. 群落物种多样性

在增温增雨处理下，克氏针茅草原群落物种多样性指数变化不明显，7 月对照（CK）、控制增温（CT）和增雨样地（P）的 Simpson 指数为 0.92，而 CTW 处理最高达 0.94；Shannon-Wiener 指数变化则与其不同，CTW 处理 Shannon-Wiener 指数最高，为 1.09，CT 最低，为 0.94，CK、P 处理依次为 0.97、0.96（表 3.5）。

表 3.5　Simpson 指数、Shannon-Wiener 指数、Pielou 指数

指数		CK	CT	CTW	P
Simpson 指数	6 月	0.91	0.91	0.91	0.92
	7 月	0.92	0.92	0.94	0.92
	8 月	0.92	0.92	0.92	0.91
Shannon-Wiener 指数	6 月	0.92	0.84	0.93	0.96
	7 月	0.97	0.94	1.09	0.96
	8 月	0.87	0.92	0.97	0.89
Pielou 指数	6 月	0.57	0.52	0.58	0.60
	7 月	0.60	0.58	0.68	0.59
	8 月	0.54	0.57	0.61	0.56

通过对不同处理下群落的多样性指数和均匀度指数比较分析发现，不同处理之间的群落多样性指数和均匀度指数有差异，且均达到显著水平。

对 Simpson、Shannon-Wiener、Pielou 指数和总生物量与土壤温度、土壤湿度、空气温度进行相关性分析（表 3.6），发现土壤温度与总生物量之间呈极显著正相关，空气温度与 Shannon-Wiener 指数和总生物量之间均呈显著正相关性，其他多样性指数与土壤温、湿度和空气温度之间为正相关关系，但均未达到显著水平（$P>0.05$）。

表 3.6　多样性指数、总生物量与温、湿度间相关性分析

指标	土壤温度	土壤湿度	空气温度
Simpson 指数	+（none）	+（none）	+（none）
Shannon-Wiener 指数	+（none）	+（none）	+（*）
Pielou 指数	+（none）	+（none）	+（none）
总生物量	+（**）	+（none）	+（*）

注："+" 为正相关，"**" 表示 $P<0.05$，"*" 表示 $P<0.1$，"none" 表示 $P>0.1$，下同

（二）增温增雨对克氏针茅草原枯落物分解及土壤微生物的影响

1. 增温增雨对克氏针茅草原枯落物分解的影响

模拟气候变化对枯落物分解量的影响，羊草立枯的分解量小于克氏针茅立枯的分解量，凋落物的分解量最大。生长季 CTW 处理的分解量要小于其他处理，

克氏针茅立枯、羊草立枯和凋落物的平均分解量分别为 0.18g、0.07g、0.62g，CK 样地的枯落物分解量要高于其他处理，克氏针茅立枯、羊草立枯和凋落物的平均分解量分别为 0.41g、0.26g、1.24g，气候变化对枯落物的分解起到抑制作用（表 3.7）。

表 3.7　不同处理下不同类型枯落物分解量（g）

类型	时间	枯落物分解量			
		CK	CT	CTW	P
克氏针茅立枯	7 月	0.31±0.06Cb	0.27±0.06Ab	0.12±0.02Bc	0.29±0.04Bb
	8 月	0.39±0.05Ba	0.19±0.04Bc	0.13±0.01Bc	0.24±0.03Bb
	9 月	0.52±0.07Aa	0.23±0.03Ac	0.30±0.03Ab	0.48±0.06Aa
羊草立枯	7 月	0.19±0.02Cb	0.09±0.01Bc	0.09±0.01Ac	0.09±0.02Cc
	8 月	0.27±0.04Ba	0.14±0.03Ab	0.08±0.01Ac	0.15±0.02Bb
	9 月	0.31±0.04Aa	0.10±0.02Bc	0.04±0.01Bd	0.25±0.02Aab
凋落物	7 月	0.86±0.07Ba	0.67±0.04Bb	0.62±0.07Ab	0.63±0.07Cb
	8 月	1.47±0.12Aa	0.90±0.08Ab	0.55±0.04Ac	0.91±0.08Bb
	9 月	1.40±0.13Aa	0.73±0.06Bb	0.69±0.08Ab	1.37±0.08Aa

注：不同大写字母表示同一处理不同时间间枯落物分解量差异显著；不同小写字母表示同一时间不同处理间枯落物分解量差异显著

对不同类型枯落物分解量与温、湿度进行相关性分析，发现克氏针茅立枯和羊草立枯分解量与土壤温、湿度之间为正相关关系，与空气温度之间为负相关关系；凋落物的分解量与土壤温度之间为负相关关系，与土壤湿度和空气温度之间为正相关关系，但均未达到显著水平（表 3.8）。

表 3.8　不同类型枯落物分解量与温、湿度间相关性分析

指标	土壤温度	土壤湿度	空气温度
克氏针茅立枯	+（none）	+（none）	−（none）
羊草立枯	+（none）	+（none）	−（none）
凋落物	−（none）	+（none）	+（none）

注：“+”为正相关，“−”为负相关，“none”表示 $P>0.1$，下同

2. 增温增雨对克氏针茅草原土壤微生物的影响

对土壤中的微生物进行实验分析发现（表 3.9），不同处理对土壤中细菌、真菌和放线菌数量及微生物总数的影响并无一定的规律性，7 月，P 处理的细菌和微生物总数均要高于其他处理，8 月，CTW 处理的细菌、放线菌数量与微生物总数最少，9 月，CK 处理的细菌数量和微生物总数要少于其他处理。

表 3.9 不同处理下土壤微生物类型及数量（×10^6 个）

类型	时间	微生物数量			
		CK	CT	CTW	P
细菌	2014.7	6.83±0.035Ab	7.01±0.067Ab	6.96±0.31Ab	10.89±0.58Aa
	2014.8	2.18±0.02B4b	3.59±0.046Ba	1.54±0.089Cc	2.24±0.17Cb
	2014.9	1.62±0.017Cc	2.37±0.013Cb	3.45±0.16Ba	3.28±0.047Ba
放线菌	2014.7	1.76±0.032Bd	5.06±0.054Ab	7.15±0.11Aa	3.09±0.089Ac
	2014.8	5.18±0.056Aa	5.81±0.076Aa	3.18±0.076Bb	3.84±0.057Ab
	2014.9	1.26±0.047Bb	2.47±0.034Ba	2.26±0.066Ca	0.94±0.054Bbc
真菌	2014.7	1.44±0.031Aa	0.56±0.019Abc	0.29±0.08Bc	0.45±0.021Bbc
	2014.8	0.40±0.013Bb	0.31±0.008Cb	0.38±0.07Bb	0.19±0.013Cc
	2014.9	1.18±0.048Ab	2.30±0.13Ba	0.72±0.055Ac	1.06±0.077Ab
微生物总数	2014.7	9.53±0.17Aab	10.04±0.45Aab	9.51±0.54Aab	12.28±0.58Aa
	2014.8	7.76±0.21Bb	9.71±0.56Aa	5.10±0.56Cc	6.27±0.088Bbc
	2014.9	4.06±0.16Cc	7.14±0.78Ba	6.43±0.61Ba	5.28±0.14Bb

注：不同大写字母表示同一处理不同时间间微生物数量差异显著；不同小写字母表示同一时间不同处理间微生物数量差异显著

对不同类型微生物数量与温、湿度进行相关性分析得出：真菌、细菌、放线菌数量及微生物总数均与土壤湿度呈正相关关系，但未达到显著水平；真菌数量与土壤温度、空气温度之间均为负相关关系，但未达到显著水平；细菌、放线菌数量及微生物总数均与空气温度呈极显著的正相关关系；细菌和放线菌数量与土壤温度之间为显著正相关关系，微生物总数与土壤温度之间为极显著正相关关系（表 3.10）。

表 3.10 不同微生物数量与温、湿度间相关性分析

指标	土壤温度	土壤湿度	空气温度
真菌	–（none）	+（none）	–（none）
细菌	+（*）	+（none）	+（**）
放线菌	+（*）	+（none）	+（**）
总微生物	+（**）	+（none）	+（**）

注：“+”为正相关，“–”为负相关，“**”表示 $P<0.05$，“*”表示 $P<0.1$，“none”表示 $P>0.1$

3. 增温增雨对克氏针茅草原土壤 C、N 含量的影响

不同处理的土壤全碳含量、全氮含量及速效氮含量没有显著差异，仅 10～20cm P 处理的速效氮含量显著低于 CK 处理。土壤全碳含量和全氮含量随着土壤深度的增加逐渐减少，0～10cm 深度的土壤全碳含量为 1.56～1.68g/kg，全氮含量为 2.11～2.20g/kg。10～20cm 深度与 0～10cm 深度差异不明显，但是在 20～30cm 深度，土壤

全碳含量和土壤全氮含量减少至 0.67～0.91g/kg 和 1.01～1.44g/kg。土壤速效氮含量在不同深度的变化没有规律性，0～10cm、10～20cm 和 20～30cm 深度的含量范围分别为 37.48～92.11mg/kg、22.03～81.32mg/kg 和 32.82～69.03mg/kg（图 3.4）。

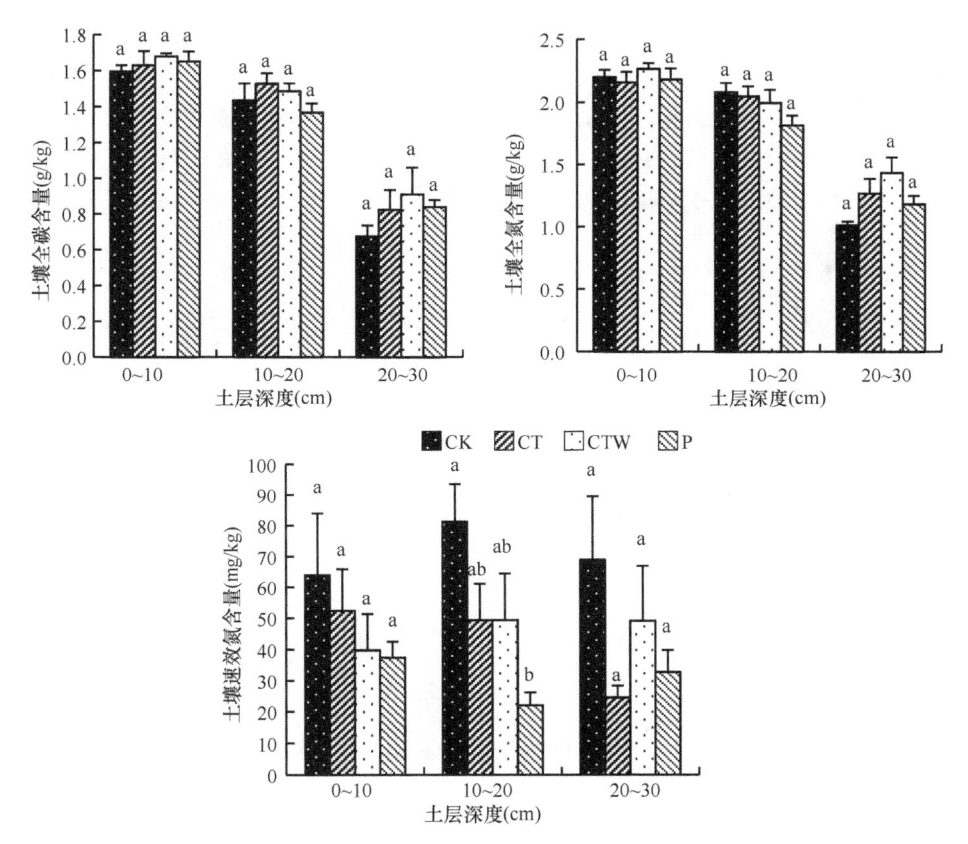

图 3.4　不同处理对土壤全碳、全氮、速效氮含量的影响

不同小写字母表示不同处理间差异显著（$P<0.05$）

土壤全碳、全氮含量均与土壤温、湿度之间为正相关关系，与空气温度间为负相关关系；土壤速效氮含量与土壤温、湿度和空气温度间均为正相关关系，但均未达到显著水平（表 3.11）。

表 3.11　土壤全碳、全氮及速效氮含量与温、湿度和空气温度间相关性分析

指标	土壤温度	土壤湿度	空气温度
全碳	+（none）	+（none）	−（none）
全氮	+（none）	+（none）	−（none）
速效氮	+（none）	+（none）	+（none）

注：“+”为正相关，“−”为负相关，“none”表示 $P>0.1$

三、增温增雨对草原群落碳交换的影响

（一）生态系统净碳交换量（NEE）日动态

不同处理间的 NEE 日动态变化趋势基本一致（图 3.5）。日动态变化监测中只有 5 月 21 日和 7 月 8 日的峰值出现在 11:00～13:00 时间段，其余峰值都出现在 13:00～15:00 时间段。在整个生长季中，NEE 的日动态变化都表现为单峰曲线。在生长季初期，NEE 的日动态变化范围在 0～4μmol/（m^2·s），最高值与最低值分别在 9:00～11:00 和 13:00～15:00 出现，且各处理峰值范围为 1.38～3.68μmol/（m^2·s）。

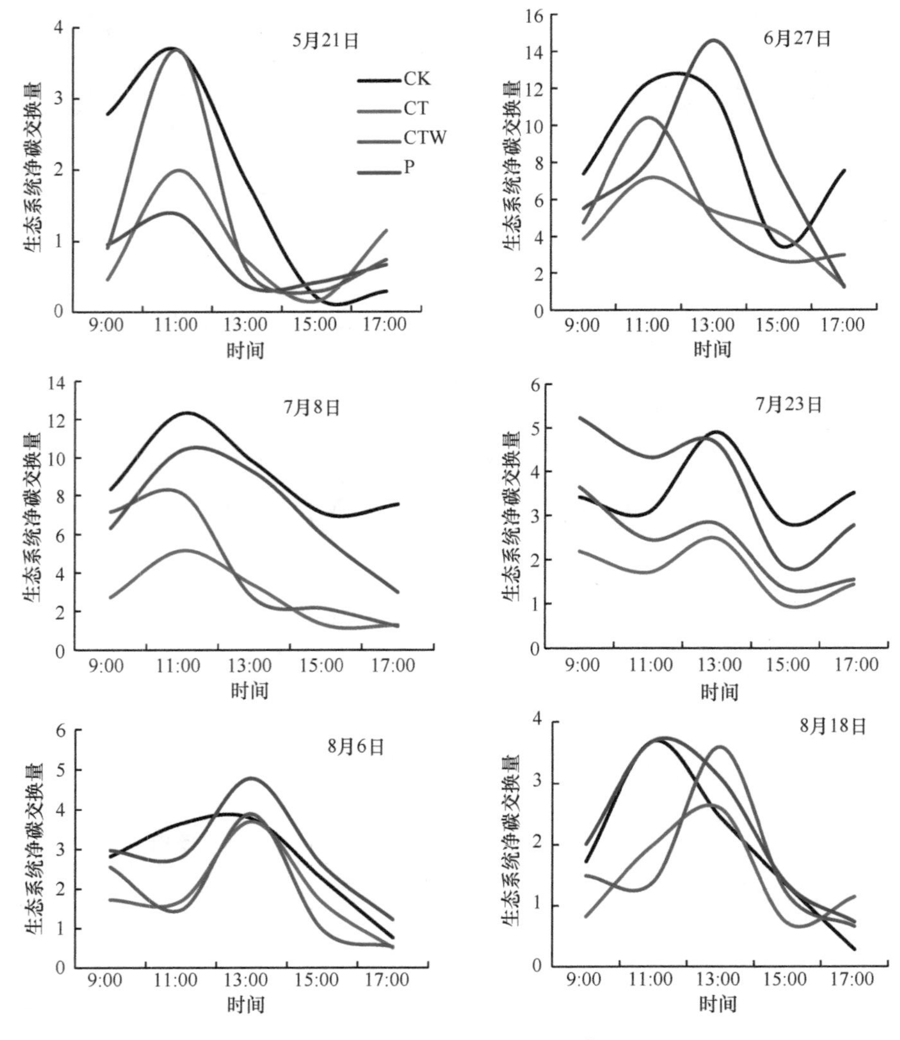

图 3.5　NEE 日动态[μmol/（m^2·s）]

生长季旺期即 6～7 月，NEE 峰值也出现在 11:00～13:00 和 13:00～15:00，且监测到 NEE 的最高值为 14.28μmol/（m^2·s）。生长季末期，各处理的 NEE 变化趋势一致，均在 13:00～15:00 出现峰值，17:00～19:00 降低到最低值，范围在 0.16～1.13μmol/（m^2·s）。在同一天，P 处理、CTW 处理和 CK 处理总体上高于 CT 处理，增温对于 NEE 提高有抑制作用，增雨有促进作用，但达不到显著水平。

（二）生态系统初级生产力（GEP）日动态

GEP 的日动态趋势与 NEE 动态一致（图 3.6）。生长季初期，5 月 21 日在 11:00 达到峰值，各处理范围为 2.80～5.29 μmol/（m^2·s）。生长季旺期，峰值范围为

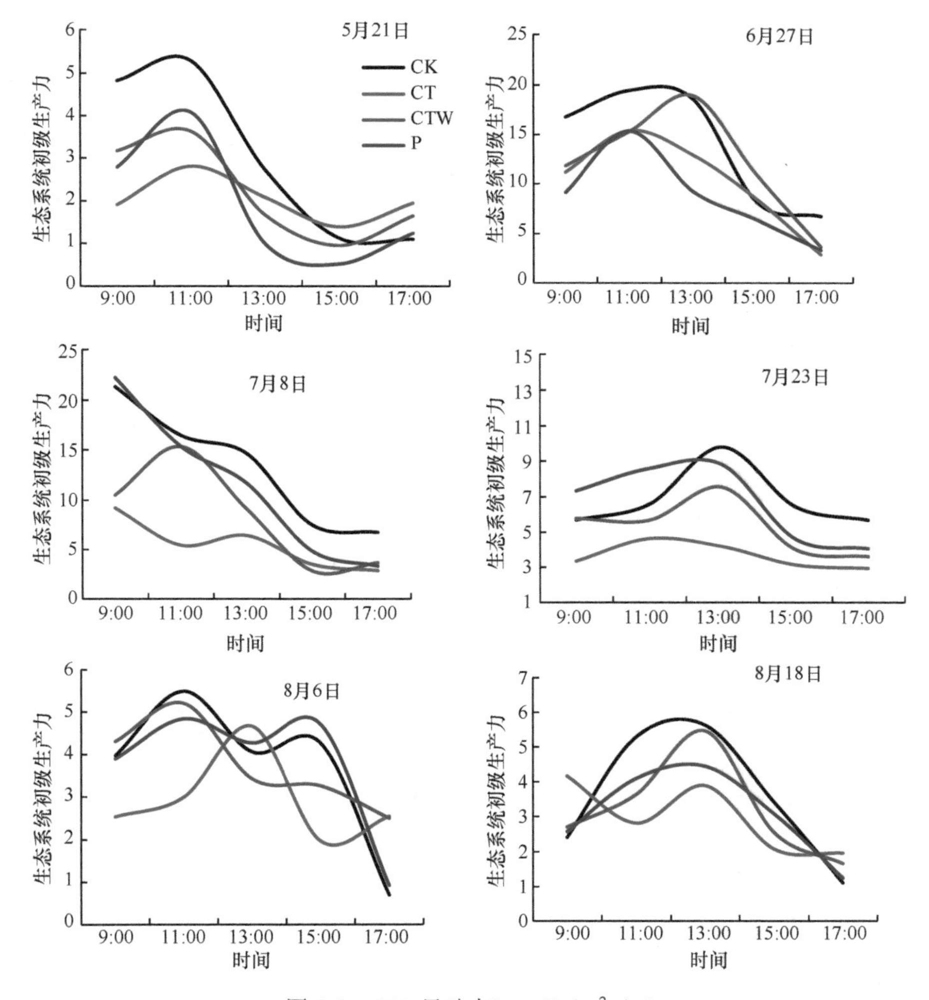

图 3.6　GEP 日动态[μmol/（m^2·s）]

4.38~22.43μmol/（m^2·s），其中在7月GEP的日动态呈现一直下降的趋势。从整体趋势上可以看出，CTW和P处理GEP较高，CK次之，CT处理最低。

（三）生态系统净碳交换量（NEE）、生态系统初级生产力（GEP）月动态

不同处理间NEE、GEP在生长季各月份的动态有高度的一致性（图3.7），均在生长季初期出现升高，生长季旺期（6月和7月）出现最高值，之后出现下降趋势，且CK、CTW和P处理高于CT处理。增雨对NEE、GEP的提高有促进作用，增温有抑制作用。

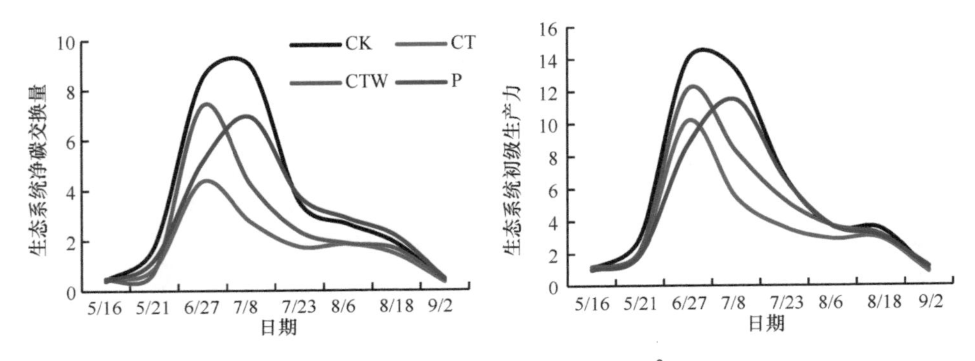

图3.7 NEE、GEP月动态[μmol/（m^2·s）]

NEE与土壤温度之间为显著正相关关系，与土壤湿度间为极显著正相关关系，与空气温度和总生物量之间为正相关关系，但未达到显著水平；GEP与土壤温度间为显著正相关关系，与土壤湿度间为极显著正相关关系，与空气温度间为正相关关系，但未达到显著水平，与总生物量间为显著负相关关系（表3.12）。

表3.12 NEE、GEP与温、湿度及总生物量间相关性分析

	土壤温度	土壤湿度	空气温度	总生物量
NEE	+（*）	+（**）	+（none）	+（none）
GEP	+（*）	+（**）	+（none）	−（*）

注：“+”为正相关，“−”为负相关，“**”表示$P<0.05$，“*”表示$P<0.1$，“none”表示$P>0.1$

四、增温增雨对克氏针茅和羊草个体光合能力的影响

（一）克氏针茅光合速率日动态

克氏针茅的光合速率日动态没有一定的规律性，仅在7月8日出现双峰变化趋势，其他时间均表现为单峰趋势（图3.8）。光合速率最大值出现在6月30日12:00，其中CT处理的值达8.007μmol/（m^2·s）；光合速率最小值出现在7月8日，即CTW

处理的最低值−2.25μmol/（m^2·s），这与测试当天的光照条件有关。在 6 月 30 日和 7 月 8 日，CT 和 CTW 处理的光合速率要高于 CK 与 P 处理，生长季初期，温度是光合速率的主要限制因子，温度的增加有利于光合速率的提高；在 7 月 24 日及之后，CT 和 CTW 处理光合速率小于 CK 与 P 处理，随着生长季的进行，温度升高会造成植物个体的水分需求增加，水分条件替代温度成为主要限制因子。

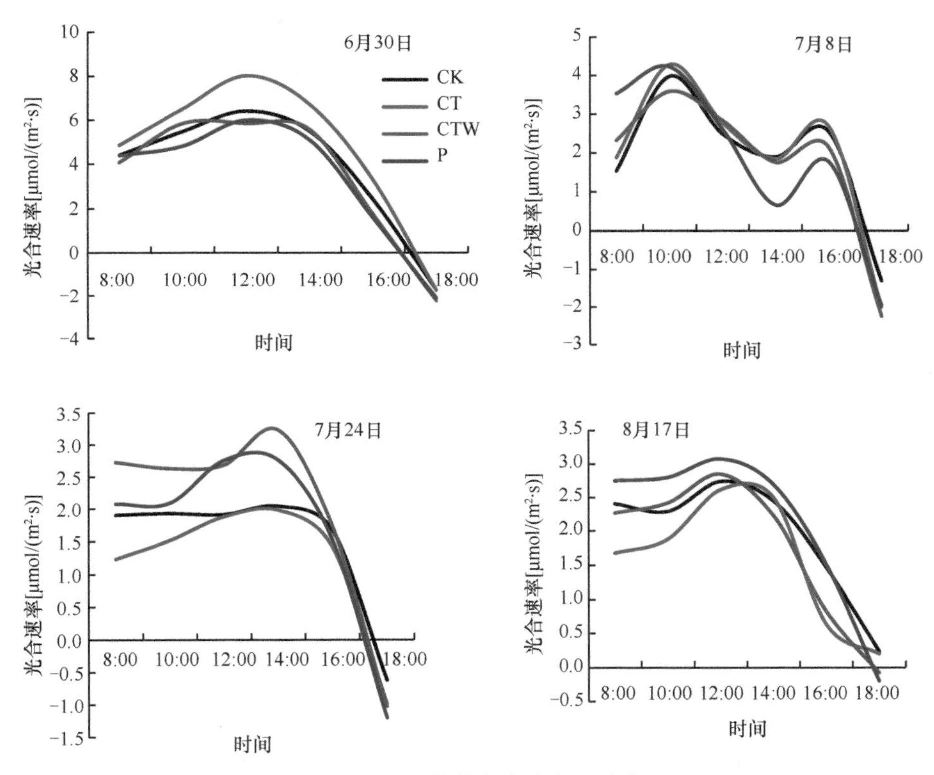

图 3.8　克氏针茅光合速率日动态

（二）羊草光合速率日动态

羊草的光合速率日动态变化趋势基本上与克氏针茅一致，没有一定的规律性，仅在 7 月 8 日表现为双峰变化趋势（图 3.9）。除了 8 月 7 日和 9 月 3 日，其他日期在 18:00 时羊草的光合速率为负值，最小值出现在 6 月 30 日 CK 处理，为−2.23μmol/（m^2·s）。光合速率最高值出现在 8 月 7 日，且 P 和 CTW 处理显著高于其他处理，分别为 4.78μmol/（m^2·s）和 4.62μmol/（m^2·s）。不同处理在相同时间的差异表现为：6 月 30 日和 7 月 8 日，CT 和 CTW 处理羊草的光合速率要高于 CK 与 P 处理，在 7 月 24 日及之后，CT 和 CTW 处理小于 CK 与 P 处理。

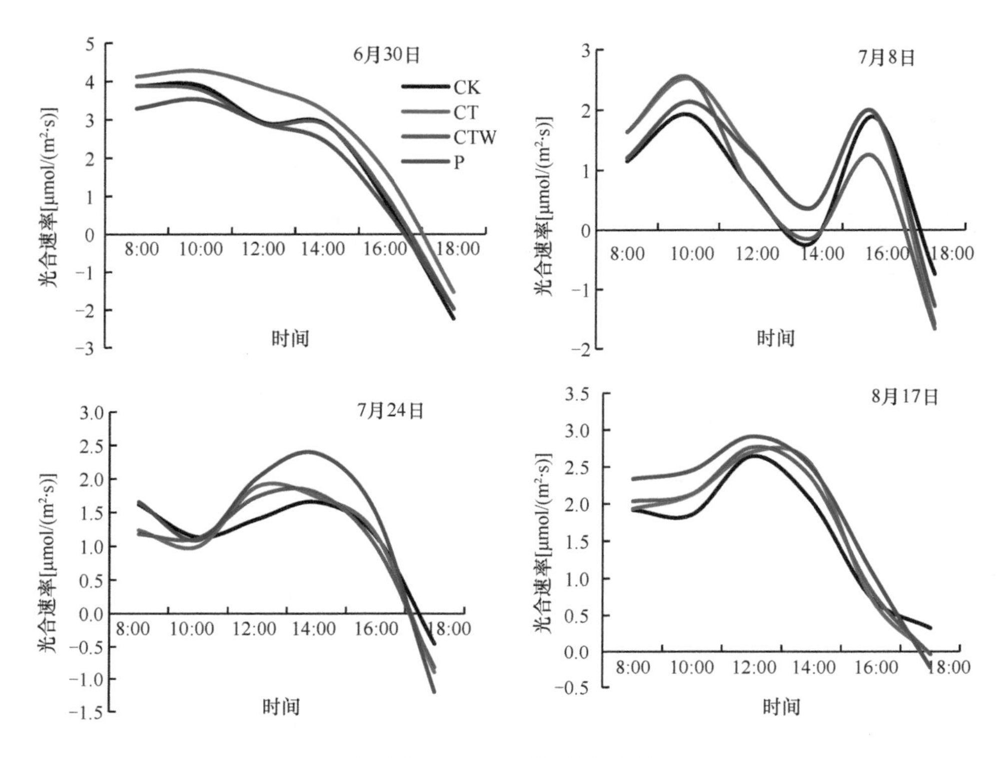

图 3.9 羊草光合速率日动态

（三）克氏针茅和羊草光合速率月动态

在生长季各月份，各处理克氏针茅和羊草光合速率 Pn 均呈单峰变化趋势（图 3.10），均在 8 月初达到最高值，CTW、P、CT 处理最高值依次为 2.97μmol/（m^2·s）、3.23μmol/（m^2·s）、2.59μmol/（m^2·s）和 3.05μmol/（m^2·s）、2.96μmol/（m^2·s）、2.67μmol/（m^2·s）；各处理下，克氏针茅和羊草 Pn 在同一时间有差异，但不显著，

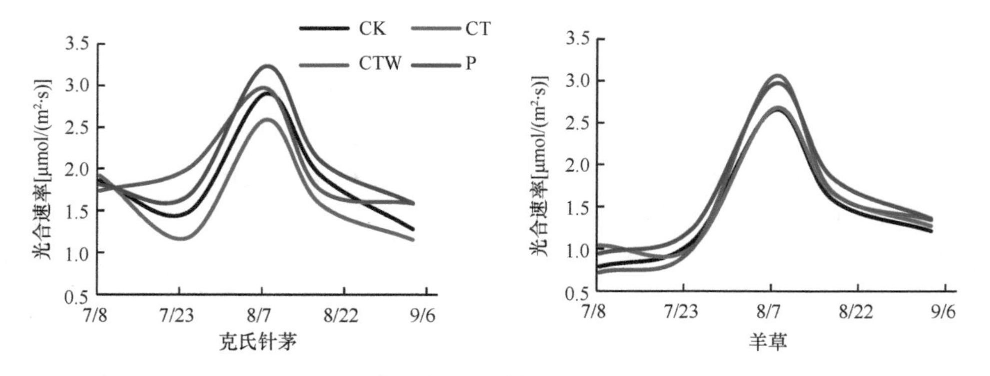

图 3.10 克氏针茅、羊草光合速率月动态

可以看出 CTW、P 处理要高于 CT 处理，CTW、P、CT 处理生长季克氏针茅和羊草平均 Pn 值分别为 2.25μmol/（m^2·s）、2.28μmol/（m^2·s）、2.17μmol/（m^2·s）和 1.64μmol/（m^2·s）、1.69μmol/（m^2·s）、1.70μmol/（m^2·s），增雨对光合速率提高有促进作用，增温有抑制作用。

五、增温增雨对草原土壤呼吸的影响

（一）生态系统呼吸速率日动态

从生态系统呼吸速率日动态可以看出（图 3.11），CTW、P、CK 处理的生态系统呼吸速率要高于 CT 处理，说明增温对生态系统呼吸速率提高有抑制作用，增雨对生态系统呼吸速率提高有促进作用。在 6 月时，各处理的生态系统呼吸速率在 12:00 出现峰值，在 7 月和 8 月，各处理的生态系统呼吸速率在 9:00 出现峰值。

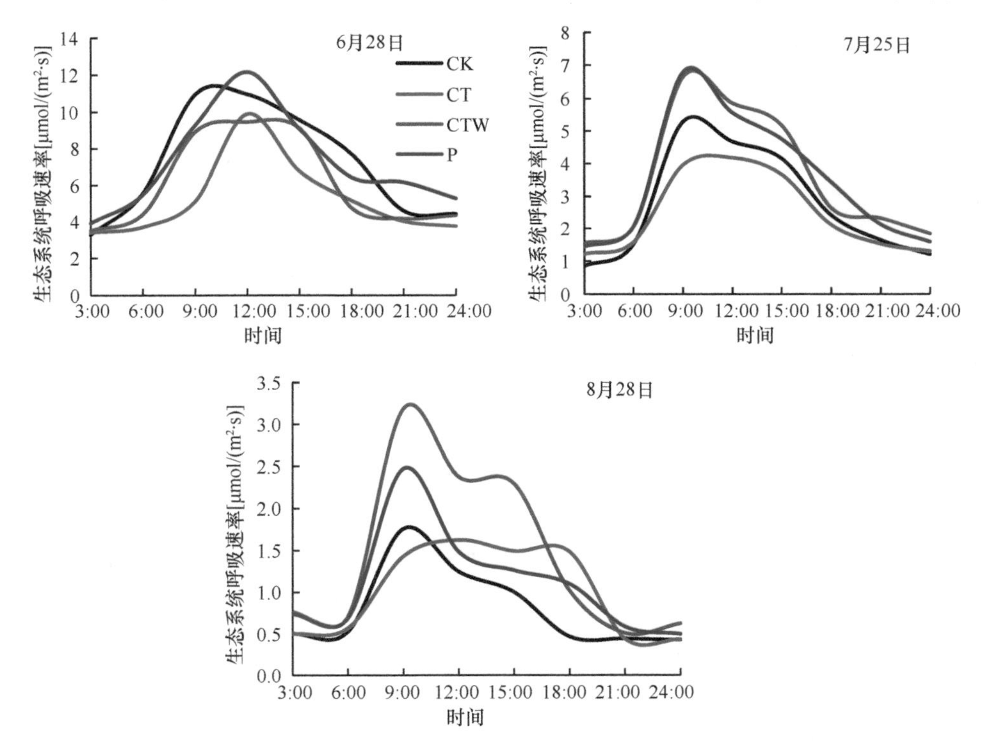

图 3.11　生态系统呼吸速率日动态

（二）土壤呼吸速率日动态

从土壤呼吸速率日动态可以看出（图 3.12），P 处理要高于其他处理，CT 处理要低于其他处理。6 月，各处理的土壤呼吸速率均在 12:00 出现峰值；7 月，土壤呼吸速率出现双峰，在 9:00 和 15:00 出现峰值；8 月，峰值出现在 9:00 或 12:00。相同时间各处理的土壤呼吸速率有差异，增雨处理要高于对照、增温处理。

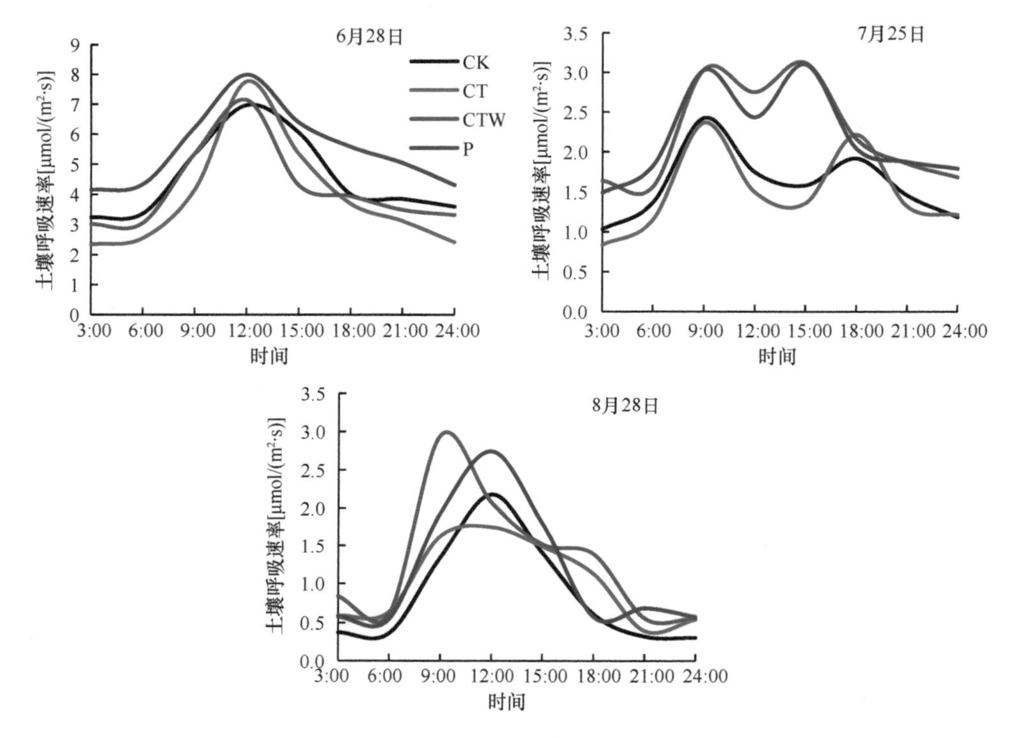

图 3.12 土壤呼吸速率日动态

（三）土壤呼吸速率月动态

从土壤呼吸速率在生长季各月份的动态可以看出（图 3.13），CTW、P、CK 处理要高于 CT 处理，且峰值出现在 6 月 24 日；生态系统呼吸速率与土壤呼吸速率的动态有相似的规律，均是 CTW、P、CK 处理要高于 CT 处理，峰值出现在 6 月 24 日或 7 月 5 日，且两日的生态系统呼吸速率几乎无差异。

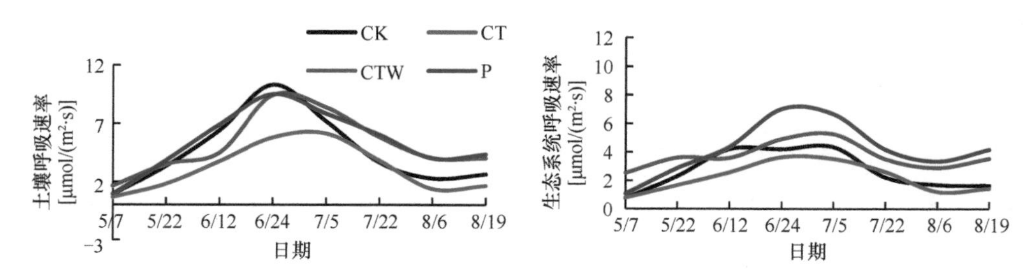

图 3.13 土壤呼吸速率与生态系统呼吸速率月动态

如图 3.14 所示，生态系统呼吸速率、土壤呼吸速率与土壤温度之间有显著相关性，分别为生态系统呼吸速率与土壤温度间有显著的指数相关关系（$P<0.05$），土壤呼吸速率与土壤温度间具有极显著的指数相关关系（$P<0.01$）。

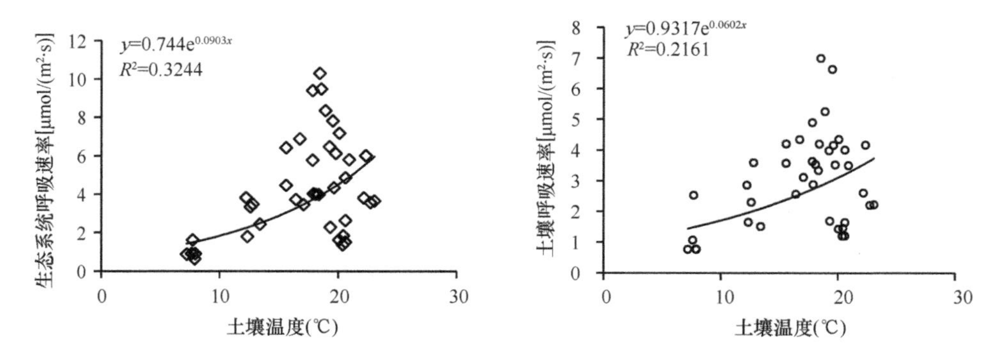

图 3.14　生态系统呼吸速率及土壤呼吸速率与土壤温度间关系

第三节　区域气候变化对内蒙古草地生产力的影响

一、气候变化对内蒙古草地植被生长的影响

（一）1982～2011 年内蒙古草原区植被生长状况

对 1982～2011 年内蒙古草原区 NDVI 的变化趋势做 95%的显著性检验，结果显示其在不同季节中具有一定差异性（表 3.13）。春季，NDVI 处于显著增加的趋势。而在夏季，草甸草原及草原化荒漠区的 NDVI 变化趋势均与春季相反，呈显著减少的趋势。在秋季的时空动态中，NDVI 在荒漠草原及草原化荒漠区大部分区域未发生显著变化。在生长季，NDVI 的变化趋势与夏季较为相近，但也存在一些差异，主要集中在草原化荒漠区。纵观全年 NDVI 的变化趋势，草甸草原区呈显著减少趋势，典型草原区和荒漠草原区均为显著增加趋势。

表 3.13　1982～2011 年内蒙古不同草地类型 5 个时间段 NDVI 变化趋势的面积比例（%）

类型	时间	增加（$P<0.05$）	减少（$P<0.05$）	无显著变化
草甸草原区	春季	20	4	76
	夏季	4	27	69
	秋季	7	14	79
	生长季	4	28	68
	全年	4	28	68

续表

类型	时间	增加（$P<0.05$）	减少（$P<0.05$）	无显著变化
典型草原区	春季	18	13	69
	夏季	21	3	76
	秋季	20	10	70
	生长季	21	4	75
	全年	22	4	74
荒漠草原区	春季	30	7	63
	夏季	20	<1	79
	秋季	13	2	85
	生长季	20	<1	79
	全年	20	<1	79
草原化荒漠区	春季	10	5	85
	夏季	4	9	87
	秋季	5	2	93
	生长季	5	2	93
	全年	5	2	93

总体而言，内蒙古各草原区的 NDVI 在夏、秋、生长季及全年内的变化趋势较为一致，而春季与其他季节的差异较大。

（二）气候变化对内蒙古草原区植被生长的影响

NDVI 在一定时滞时间内存在显著的自相关性，而气候因子对其变化趋势更具有决定性。下面运用普通相关分析法和偏相关分析法得出 NDVI 与气温、降水量两种气候因子相关性的时空分布，描述气候因子在不同季节对不同草地类型 NDVI 的影响。

提取与 NDVI 时间序列相对应的气候因子，即 1982～2011 年气温与降水量在春、夏、秋、生长季和全年的数据，经插值后与 NDVI 影像叠加，计算其与 NDVI 的相关程度。

（1）气温与 NDVI 的相关性分析

从表 3.14 中可以看出，随着季节的变换，气温与内蒙古草原区大部分区域 NDVI 的显著相关性与分布具有较大差异。在春季，草甸草原、典型草原和荒漠草原区部分区域 NDVI 与气温呈显著正相关，分布密度大且面积广。夏季，内蒙古草原区部分区域 NDVI 与气温呈显著负相关，主要集中在草甸草原、典型草原区和荒漠草原区，草原化荒漠区呈显著负相关的区域呈零散分布。秋季，气温与草甸草原、典型草原和荒漠草原区 NDVI 呈显著正相关，分布区域与春季相似，而密度远远小于春季；草原化荒漠区部分区域呈现显著负相关。在生长季，NDVI 与气温呈显著相关的点，其相关性和分布区域与夏季相同，且密度大于夏季，因为夏季包含在生长季内，所以此时期气温对 NDVI 的影响作用更强。全年气温与 NDVI 的显著相关性分布密度小于其他季节，草甸草原和草原化荒漠区呈显著负相关，而典型草原和荒漠草原区部分区域呈显著正相关。

表 3.14　1982～2011 年内蒙古不同草地类型 5 个时段 NDVI 与年平均气温相关性的面积比例（%）

类型	时间	正相关（$P<0.05$）	负相关（$P<0.05$）	不相关
草甸草原区	春季	25	<1	74
	夏季	<1	23	76
	秋季	4	<1	95
	生长季	<1	40	59
	全年	1	7	92
典型草原区	春季	17	5	78
	夏季	3	13	84
	秋季	10	<1	89
	生长季	4	18	78
	全年	6	<1	93
荒漠草原区	春季	19	<1	80
	夏季	7	3	90
	秋季	8	<1	91
	生长季	4	3	93
	全年	10	<1	89
草原化荒漠区	春季	2	<1	97
	夏季	2	6	92
	秋季	2	28	70
	生长季	1	5	94
	全年	1	3	96

综上所述，草甸草原区 NDVI 与气温在春季和秋季呈显著正相关，在夏季、生长季和全年呈显著负相关。

（2）降水量与 NDVI 的相关性分析

从表 3.15 中可以看出，降水是影响内蒙古草原区植被生长状况的重要因子，NDVI 与降水量在春、夏、生长季和全年均呈显著正相关，分布面积广且密度大。

表 3.15　1982～2011 年内蒙古不同草地类型 5 个时段 NDVI 与年降水相关性的面积比例（%）

类型	时间	正相关（$P<0.05$）	负相关（$P<0.05$）	不相关
草甸草原区	春季	18	0	82
	夏季	19	0	81
	秋季	1	3	96
	生长季	29	0	71
	全年	21	0	79
典型草原区	春季	35	1	64
	夏季	43	0	57
	秋季	1	3	96
	生长季	47	0	53
	全年	42	0	58
荒漠草原区	春季	50	0	50
	夏季	56	0	44
	秋季	1	0	99
	生长季	57	0	43
	全年	55	0	45
草原化荒漠区	春季	8	0	92
	夏季	35	0	65
	秋季	0	2	98
	生长季	48	0	52
	全年	47	0	53

具体来说，草甸草原、典型草原、荒漠草原和草原化荒漠区 NDVI 与降水量呈显著相关的区域在夏季、生长季和全年是一致的，因为全年的降水量主要集中在生长季，而夏季包含在生长季当中。秋季，草甸草原和典型草原区的东部 NDVI 与降水量呈显著负相关关系，草原化荒漠区也有小部分区域为显著负相关；典型草原区北部、草甸草原区西部和荒漠草原区南部呈显著正相关，分布面积较小且密度较小。大部分区域无显著相关性，与秋季降水量小、随植被凋落 NDVI 也减小有关。

（三）讨论与结论

1. 讨论

1962～2001 年，内蒙古草原区气温的变化趋势整体上同全国相似，即温度显著上升；而降水量的变化趋势并不明显，这不同于全国夏季降水量略有增加，而整体呈减少趋势的状况（王遵娅等，2004）。在气候变化对 NDVI 的影响方面，在春季气温和降水均为 NDVI 变化的主要驱动力，在夏季和生长季则是降水为 NDVI 变化的主要驱动力，在秋季气温为 NDVI 变化的主要驱动力，这同中国北部气候与植被 NDVI 变化的关系相同（安佑志，2014）。

气候变化影响植物的生长环境，进而影响植物的生长状态（Parmesan and Yohe，2003），是草地类型变化的主要原因。整体来看，内蒙古草原区气候变化趋势是气温逐年升高，降水无线性规律，气候趋于暖干化。降水的变化格局比气温更为复杂（裴浩等，2012），降水逐年的波动性无规律，但在不同草原带的梯度分布上界限依然明显。作为直接影响草地类型演变的气候因子，降水的分布格局更加符合草地分区的状况，气温虽然也有较固定的分布格局，但在同一类型草原区会同时存在高温区和低温区，说明草地类型的分布应该主要受降水的影响，水分会对植被生长起到制约作用，而气温与降水的相互作用将促成草原带的演变。

内蒙古草地类型的分布受气候、地理位置等多方面的条件影响，其中水热条件是不同类型草原带形成的重要基础，这也是建立Holdridge模型所需的重要理论依据（张新时，1993）。在前人研究的基础上，采用内蒙古草地类型的Holdrige气候区划指标，针对内蒙古草原区气候特征，划分出基于温度、降水和可能蒸散量的内蒙古草地类型区划带，模拟内蒙古20世纪60年代（1962～1971年）至21世纪初（2002～2011年）草地类型分布状况，对植被的变化趋势及影响因子进行分析，探讨气候变化对草地类型分布格局变化的影响。

利用内蒙古地区Holdridge气候区划指标划分出内蒙古草原区的气候区划类型（巩祥夫等，2010），自东向西草地分布为草甸草原、典型草原、荒漠草原和草原化荒漠区。苏力德研究表明，1962～1971年典型草原区的分布最为广泛，其次是荒漠草原、草甸草原和草原化荒漠区；1972～1981年，草甸草原和草原化荒漠区的面积较前10年扩大，典型草原和荒漠草原区则变化不大；1982～1991年，发生明显变化的依然是草甸草原和草原化荒漠区，前者进一步向南扩大，而后者的面积则大幅度减小；1992～2001年，草甸草原区的面积大幅度减小，草原化荒漠区略有增加，其他区域无明显变化；2002～2011年，草甸草原区面积进一步大幅度减小，典型草原区小幅缩小，而荒漠草原区面积大幅度增加，代替了部分典型草原区，草原化荒漠区面积略微增加。总体上，气候区划带的动态变化表现为1962～1991年草甸草原区的面积呈增加趋势，说明内蒙古东北区域的气候适宜植被生长，而1992～2011年草甸草原呈退化趋势，荒漠草原和草原化荒漠区的面积明显增加，且逐渐向东扩展，典型草原区扩展至部分草甸草原区。

盛文萍和李玉娥（2010）利用PRECIS方法模拟未来气候和草地类型的变化趋势，发现内蒙古东部及中部地区温度继续升高而降水减少，西部地区温度继续升高且降水增加，草甸草原区面积将减少，典型草原与荒漠草原区面积将增加。周广胜等（1997）对全国的植被类型在气候变化下的演变研究，认为在气候变化条件下草地沙漠化趋势增强，草原面积随着温度的升高而减少。草甸草原区面积大幅度减少且被典型草原区所取代，部分典型草原演变为荒漠草原。草原分区发生变化的可能自然原因是，生长季降水量的减少，使得非生长季土壤干旱严重，而气温升高使蒸散量变大，进而影响草地生态系统。

虽然气候因子对草地类型的演变起着主导和决定性的作用，但是由于草地生态系统的复杂性，气候因子的影响作用也并非是单一的。李青丰等（2002）提出，系统内物流的出入失调和季节性的草畜供求失衡是草地生态系统迅速退化的主要因素；气候变化对生态系统的劣变仅起了推波助澜的作用。牛建明和李博（1995）指出，气候变化对内蒙古的草原植被可能产生重要的影响，导致草原面积显著减少，南部界限大幅度北移，草甸草原退出本区；然而，内蒙古草原植被的退化演替也与人类对草原的不合理管理与超限度利用有关，其导致草原正常群落的生产力、生物组成发生明显的退行性变化、土壤退化、水文循环改变及由此引起的小气候环境恶化。陈佐忠等（2003）研究表明，内蒙古草原生态系统的退化是气候变化与长期不合理的人类活动共同作用的结果。1999～2001 年连续急剧的气候变化加速了草地退化的进程，并在一定程度上改变了其变化趋势和格局。

内蒙古草原区大部分区域属干旱半干旱气候，对气温的变化非常敏感。气候变化特征以气温升高和降水量不均为主，对内蒙古草原生态系统及草地类型的演变具有显著的影响。但 1962～2011 年草原类型的分布发生明显变化并不能全部归咎于此。植被覆盖的限制性因素较多，植被覆盖变化是一个自然与人类活动交互作用的过程（Liu et al.，1998），可以说，植被覆盖变化是气候变化和人类活动共同作用的结果。因此，在探讨未来气候变化对草原类型格局影响时，应当考虑人为因素的影响，将其与气候变化相结合，讨论如何更合理地利用和保护草原。

2. 小结

本书利用内蒙古自治区 1962～2011 年的气象数据及 1982～2011 年的卫星遥感数据，分别对其不同草原区不同季节的气温、降水和 NDVI 的时空变化及相关性进行了论述，主要结论如下。

1）内蒙古草原区 1982～2011 年 NDVI 的变化为，草甸草原区 NDVI 在春季为显著增加，其他季节均呈显著减少趋势；典型草原区和荒漠草原区 NDVI 在不同季节均表现为显著增加趋势；草原化荒漠区在春季、秋季、生长季及全年的 NDVI 呈增加趋势，在夏季呈减少趋势。在时滞 5 年之内，内蒙古草原区 NDVI 具有显著的自相关性。

2）内蒙古草原区气候因子与 NDVI 的相关性为，草甸草原区部分区域 NDVI 与气温在春季和秋季呈显著正相关，在夏季、生长季和全年呈显著负相关；典型草原区东部和荒漠草原区部分区域 NDVI 与气温在各季节均呈显著正相关，典型草原区其余区域 NDVI 与气温在春、夏和生长季均呈显著负相关，在秋季和全年呈显著正相关；草原化荒漠区部分区域 NDVI 与气温在春季呈显著正相关，在夏季、秋季、生长季和全年呈显著负相关，在秋季呈显著负相关。

3）春季气温和降水为NDVI变化的共同驱动因子，秋季气温为NDVI变化的主要驱动因子，其他季节降水为NDVI变化的主要驱动因子。

二、极端干旱对内蒙古草地植被生长影响的时空分异

（一）干旱事件的年际变化特征

1. 干旱的年际变化特点

由帕默尔干旱强度指数（PDSI）的年变化曲线和M-K突变检验（图3.15）可知，全区PDSI均值基本呈二次曲线变化。突变检验分析表明，突变点为1999年（通过95%置信度检验）。1982～1999年PDSI均在−1以上，未达到干旱等级。1982～1991年PDSI呈显著增加趋势，且在1991年达最大值，之后出现显著下降；其中2001年、2008年、2009年PDSI均值达到−2以下，受旱的程度相对较重。

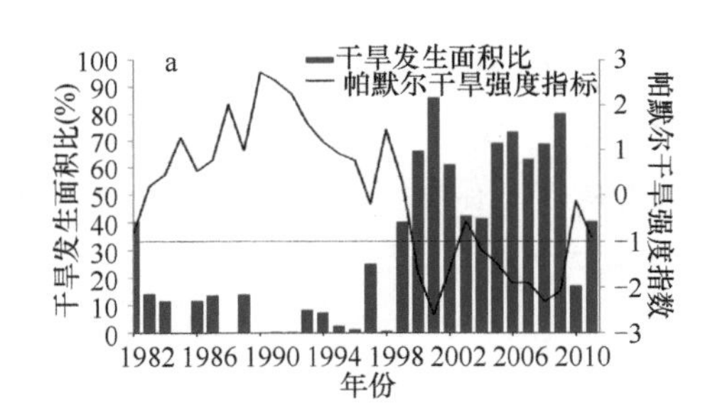

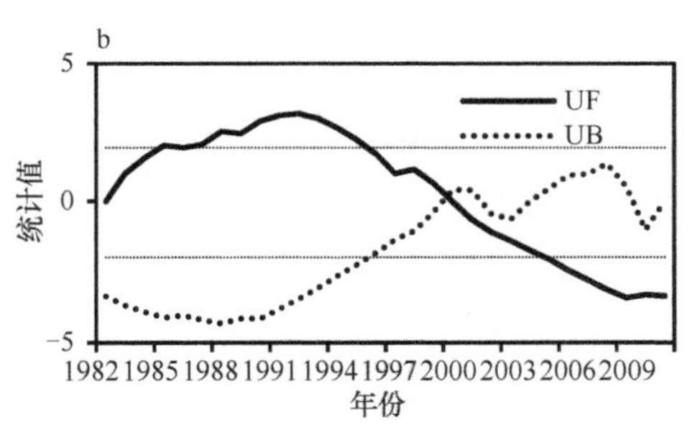

图3.15 帕默尔干旱强度指数（PDSI）年均值和干旱发生面积比（%）年际动态（a）及M-K突变检验（b）

UF. 正行序列；UB. 逆行序列

从干旱发生区域占全区总面积百分比的变化情况来看，干旱发生区域占全区面积30%以上的年份共有13年，其中11年出现在2000～2011年，受干旱影响的年份明显增加。13年中，干旱区域占全区面积50%以上的年份占到60%，说明全区性发生干旱的概率明显增大（图3.15a）。

2. 干旱的季节变化特征

春、夏、秋、冬各个季节的PDSI平均值与干旱发生面积比的年度动态基本一致（图3.16）。计算PDSI平均值的线性变化趋势，春、夏、秋、冬的直线斜率分别为0.17/a、0.09/a、0.05/a和0.19/a，表明冬旱、春旱的发展速度较夏旱、秋旱快。

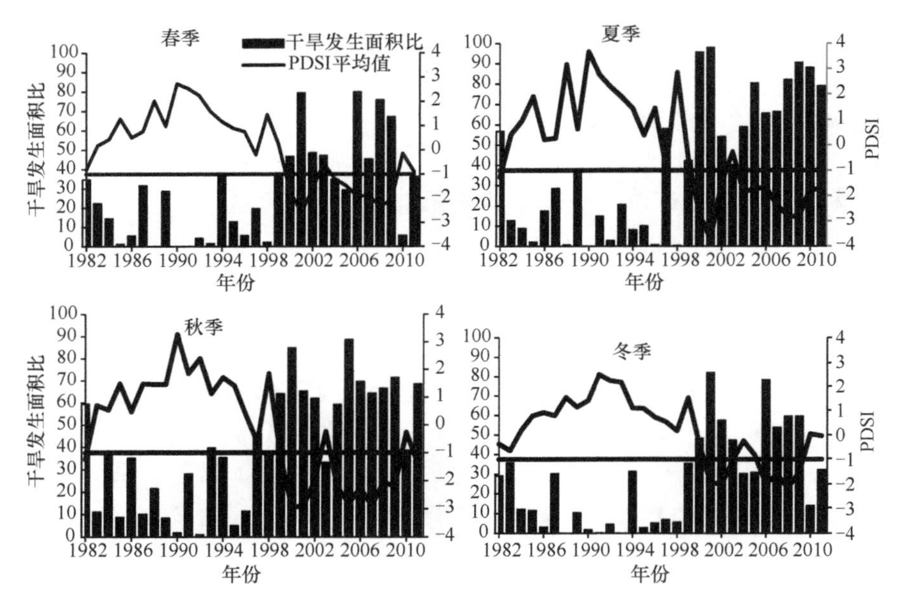

图 3.16　帕默尔干旱强度指数（PDSI）和干旱发生面积比（%）季节变化图

1982～2011 年，干旱面积占全区面积 30%以上的干旱事件春、夏、秋、冬各个季节发生频率都在 40%～50%，分别为 12 次、15 次、13 次、12 次。平均发生面积以夏季最大，占全区面积的 72%；其次为秋季、春季和冬季，分别占全区面积的 67%、56%和 54%。

（二）干旱的区域分布特征

1. 不同植被区干旱事件发生频数统计分析

不同区域按干旱发生频数分为三级。Ⅰ级：发生干旱频数 1～5 次；Ⅱ级：发生干旱频数 5～10 次；Ⅲ级：发生干旱频数 10～15 次。就全年平均值而言，干旱发生频数与面积最大的区域是中温型草甸草原区，Ⅲ级与Ⅱ级面积近相等，二者可占该植被区面积的 99%；中温型典型草原区与中温型草甸草原区基本接近，Ⅲ级面积略低于Ⅱ级面积，二者面积占该植被区面积的 98%；中温型荒漠草原区与草原化荒漠区无Ⅲ级干旱事件发生；森林区发生Ⅲ级干旱的面积较小，主要表现为Ⅱ级类型（表 3.16）。

2. 不同植被区干旱事件空间分布特征

就季节分布而言，春季除草原化荒漠区以外，其他植被区均无Ⅲ级干旱事件发生，主要表现为Ⅱ级。中温型草甸草原区和典型草原区是夏季与秋季干旱事件的主要发生区，夏季几乎都为Ⅲ级，秋季也以Ⅲ级为主，占各植被区的 60%以上；

表 3.16　研究区不同时段各级干旱面积占每个植被类型的比例（%）

类型	春			夏			秋			冬			全年		
	Ⅰ	Ⅱ	Ⅲ	Ⅰ	Ⅱ	Ⅲ	Ⅰ	Ⅱ	Ⅲ	Ⅰ	Ⅱ	Ⅲ	Ⅰ	Ⅱ	Ⅲ
森林	30	70	—	2	44	54	11	34	55	28	63	9	17	71	11
草甸草原	1	99	—	—	—	100	—	18	82	1	50	49	1	49	50
典型草原	12	87	—	—	3	96	—	35	64	23	50	26	1	54	44
荒漠草原	10	90	—	—	74	26	—	96	4	62	38	—	13	87	0
草原化荒漠	50	36	2	—	92	8	41	58	2	71	8	—	28	47	0

冬季干旱也主要发生在草甸草原区和典型草原区，但Ⅲ级的面积减小，草甸草原区Ⅲ级与Ⅱ级面积近相等，但典型草原以Ⅱ级为主。更干旱的荒漠草原区和草原化荒漠区Ⅲ级面积在各个季节均较小，主要为Ⅱ级与Ⅰ级。较湿润的森林区夏季、秋季Ⅲ级面积较大。

春季干旱高发生中心（Ⅱ级）主要位于中温型草甸草原区、典型草原区、荒漠草原区，到了夏、秋季干旱高发生中心有扩展并向东部森林区位移的趋势（主要表现为Ⅲ级），冬季干旱高发生中心回落到中温型草甸草原区、典型草原区、荒漠草原区域，与春旱的发生中心一致（图 3.17）。

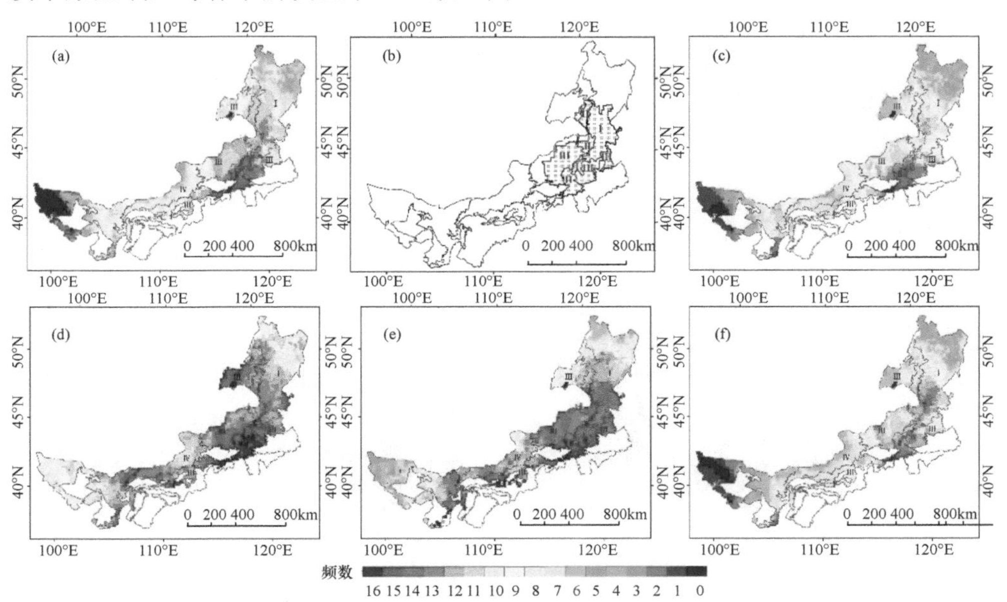

图 3.17　研究区 1982～2011 年发生干旱频数的空间分布图

（a）全年发生频数；（b）干旱发生频数最高区域；（c）春季发生频数；（d）夏季发生频数；（e）秋季发生频数；（f）冬季发生频数

（三）NDVI 标准化距平的变化特征

1. Sa_{NDVI}逐月的年度动态

1982～1999 年 5～8 月 NDVI 标准化距平（standardized anomaly，Sa）$Sa_{NDVI}<-1$ 的区域范围均呈缩小趋势（图 3.18）（5 月和 8 月经过了显著性水平 0.01 检验；6 月经过了 0.05 检验，7 月不显著）；1999 年后则相反，各月均呈增加趋势，但显著性水平不高（通过 90%置信度检验）。Sa_{NDVI}的变化趋势与干旱面积的变化规律基本相同，但 Sa_{NDVI} 发生变化的面积要小于发生干旱区域的面积，为干旱发生区域面积的 1/3～1/2。其中，6 月发生 Sa_{NDVI}减小的区域面积最大，7 月、8 月次之，5 月最小，占变化区域总面积的比例分别为 21.75%、20.31%、18.03%和 12.88%（图 3.18）。

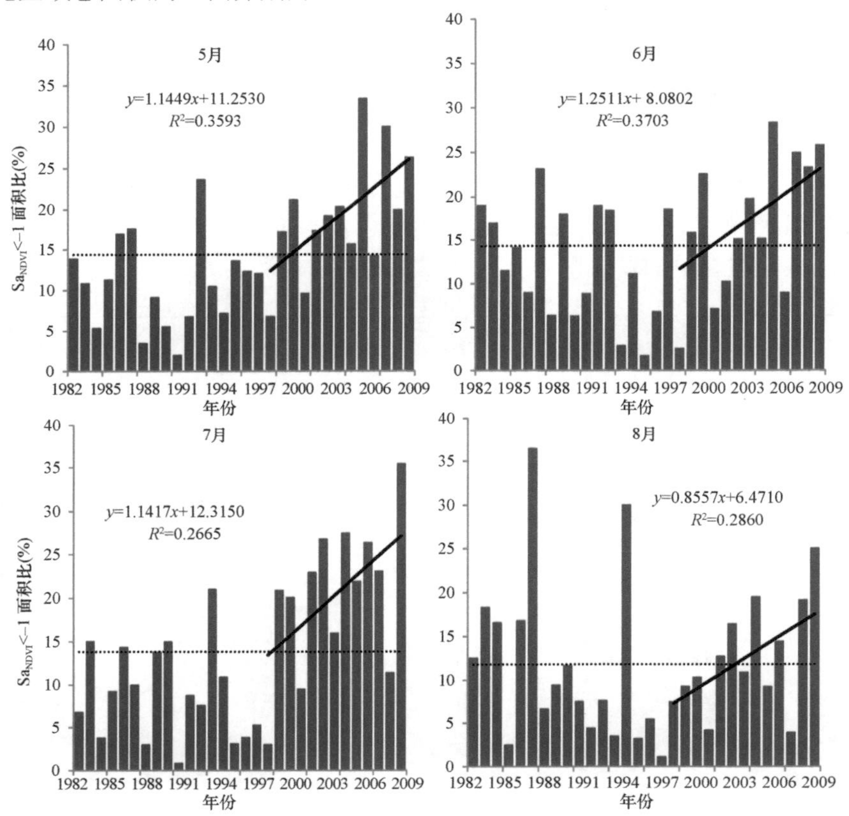

图 3.18 研究区 1982～2011 年 $Sa_{NDVI}<-1$ 面积比（%）逐月的年度动态

2. NDVI 标准化距平的区域变化特点

各植被类型区 5～8 月 Sa_{NDVI}减少区域面积所占比例有较大的差别，中温型典型草原区 Sa_{NDVI} 减少区域面积平均所占比例最大，变异系数最小。以中温型典型草原区为中心，不论是沿着中温型草甸草原区—森林区的梯度，还是沿着中温型荒漠草原区—草原化荒漠区的梯度，Sa_{NDVI}减少区域面积平均所占比例都在逐渐减小，同时变异系数在逐渐增加（图 3.19）。

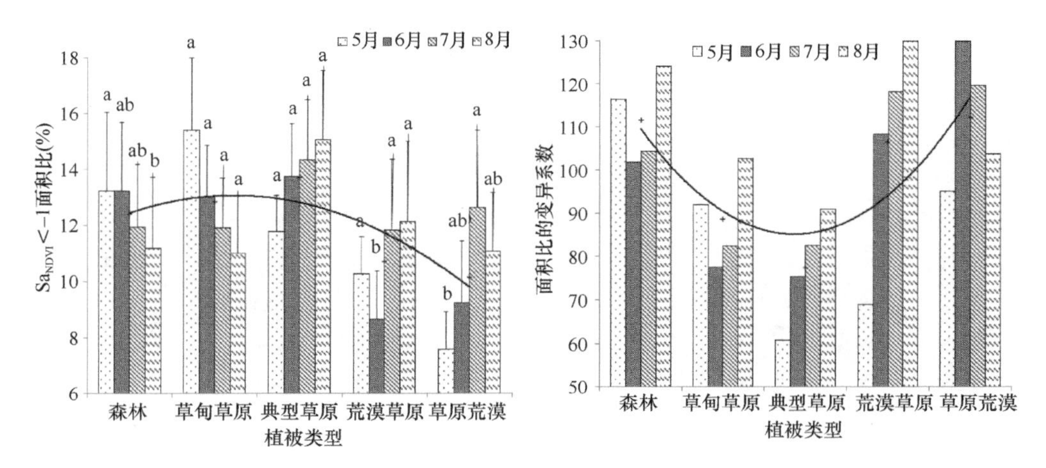

图 3.19　不同植被类型区 5～8 月 Sa_{NDVI}<−1 面积比（%）及其变异系数的平均变化图

中温型草甸草原区与森林区 5～8 月 NDVI 减少区域面积平均所占比例逐渐降低，递减率分别为 0.77%/m、1.32%/m；而中温型典型草原区、中温型荒漠草原区、草原化荒漠区变化趋势正好相反，递增率分别为 1.04%/m、0.92%/m、1.33%/m。各个植被类型区 Sa_{NDVI}减少区域面积所占比例的变异系数在不同月份之间也有较大的差异。森林区与中温型草甸草原区，在 5 月和 8 月变异系数最大；而中温型典型草原区、中温型荒漠草原区和草原化荒漠区 6～7 月变异系数最大。

（四）帕默尔干旱强度指数（PDSI）与 NDVI 的相关性

1. 不同植被类型区 PDSI 与 NDVI 的相关性

就 5～9 月总体而言，各植被类型区 NDVI 与 PDSI 的相关分析结果表明，显著相关（P<0.05=区域面积所占比例依次为：中温型典型草原区（43.5%）>中温型荒漠草原区（36.1%）>中温型草甸草原区（23.6%）>森林区（11.5%）>草原化荒漠区（8.6%）（表 3.17），表明草原区特别是中温型典型草原区和中温型荒漠草原区 NDVI 对干旱的响应较敏感。

分析 5～9 月各月各植被类型区 NDVI 与 PDSI 的相关性，结果表明：PDSI 与 NDVI 显著相关的区域面积所占比例都是以 6 月最高，7 月和 8 月次之，5 月和 9 月最小，说明各个植被类型受旱时期主要集中在夏季，在生长季起始阶段的春季和秋季受旱较轻（表 3.17，图 3.20a）。

表 3.17　各个植被类型区不同时段 PDSI 与 NDVI 显著相关的面积比（%）

指数	森林	草甸草原	典型草原	荒漠草原	草原化荒漠
$PDSI_{春季}$-$NDVI_{5月}$	2.4	12.8	26.5	8.6	5.7
$PDSI_{春季}$-$NDVI_{6月}$	41.7	52.1	65.7	72.5	5.5
$PDSI_{春季}$-$NDVI_{7月}$	23.8	24.1	13.5	27.6	5.4
$PDSI_{夏季}$-$NDVI_{8月}$	7.9	18.3	38.3	41.1	30.6
$PDSI_{夏季}$-$NDVI_{9月}$	3.1	18.2	43.3	40.7	38.3
$PDSI_{秋季}$-$NDVI_{5月}$	1.9	0.2	6.0	2.7	0.0
$PDSI_{冬季}$-$NDVI_{5月}$	4.8	1.5	15.0	10.4	0.0
$PDSI_{5月}$-$NDVI_{5月}$	4.2	1.7	33.7	26.6	1.4
$PDSI_{6月}$-$NDVI_{6月}$	29.4	50.7	65.9	62.8	14.8
$PDSI_{7月}$-$NDVI_{7月}$	15.4	30.1	44.1	47.8	7.2
$PDSI_{8月}$-$NDVI_{8月}$	6.4	15.5	36.3	34.6	16.5
$PDSI_{9月}$-$NDVI_{9月t}$	1.9	20.2	37.5	8.9	3.3

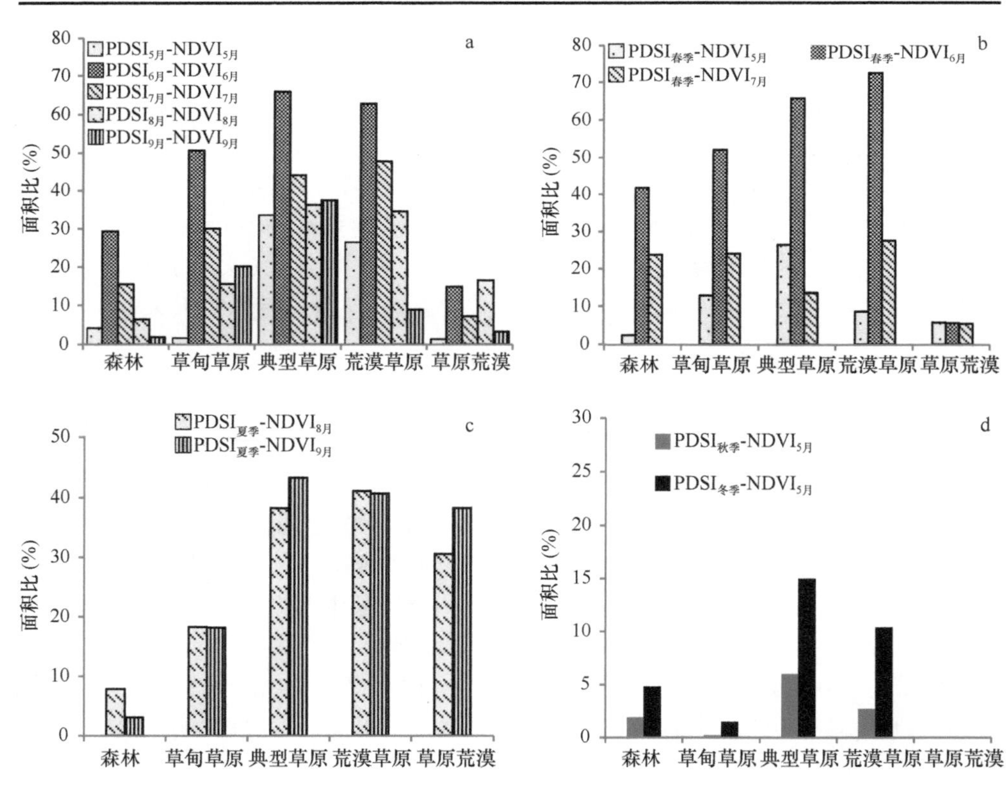

图 3.20　各个植被类型区不同时段 PDSI 与 NDVI 显著相关区域面积比

2. 不同植被类型区各季节 PDSI 与 NDVI 的相关性

（1）春季 PDSI 与 5～7 月 NDVI 的相关性

除草原化荒漠区外，其他植被类型区春季 PDSI 与 5～7 月 NDVI 的相关性均显著（图 3.20b），就 5～7 月总体而言，相关显著区域面积所占比例依次为：中温型荒漠草原区（36.2%）＞中温型典型草原区（35.2%）＞中温型草甸草原区（29.7%）＞森林区（22.6%），显著相关的区域面积所占比例有随湿润度增加而减少的趋势。就各月而言，各植被区春季 PDSI 与 6 月 NDVI 显著相关区域面积所占比例最大，上述 4 个植被类型区显著相关区域面积所占比例分别是 72.5%、65.7%、52.1%和 41.7%。表明春季 PDSI 对 6 月 NDVI 影响最大，5 月最小，只有中温型典型草原区和中温型草甸草原区还存在显著相关，但相关区域面积所占比例不足 6 月的 1/3。说明 4 个植被类型区 NDVI 对 PDSI 的响应具有滞后效应，滞后期为 2 个月左右。但是这种时滞效应按中温型荒漠草原区—中温型典型草原区—中温型草甸草原区—森林区，沿着湿度的梯度是逐渐降低的。

（2）夏季 PDSI 与 8～9 月 NDVI 的相关性

除森林区外，其他植被类型区 NDVI 与夏季 PDSI 的相关性均显著（图 3.20c），就 8～9 月总体而言，相关显著区域面积所占比例依次为：中温型荒漠草原区（41.2%）＞中温型典型草原区（40.8%）＞荒漠区（34.5%）＞中温型草甸草原区（18.3%）。

夏季 PDSI 与 8 月、9 月 NDVI 显著相关区域面积所占比例大小基本一致，3 个草原区从 8 月到 9 月的变率不到 10 个百分点，说明夏季 PDSI 对 9 月的 NDVI 有较大的影响，表现出降水对植被生产力的影响有一定的时滞效应，而且这种时滞效应沿中温型荒漠草原区—中温型典型草原区—中温型草甸草原区，随着温度的降低是逐渐降低的。

（3）秋季与冬季 PDSI 与下一年 5 月 NDVI 的相关性

各个植被类型区秋、冬季 PDSI 与下一年 5 月 NDVI 显著相关区域面积所占比例都相对较小（表 3.17，图 3.20d）。秋季 PDSI 与中温型典型草原下一年 5 月 NDVI 相关显著区域面积所占比例最大，为 6%；冬季 PDSI 与下一年 5 月 NDVI 的相关显著区域所占比例比秋季略高些，但也只是在中温型典型草原区、中温型荒漠草原区有轻微的变化，相关显著区域面积所占比例为 10%～15%，在其他几个植被类型区都没有明显的变化（图 3.20d）。

（五）讨论与小结

1. 1982～2011 年内蒙古高原干旱事件和植被 NDVI 年度动态的区域整体特征

1982～2011 年内蒙古高原全区性干旱有加重的趋势，以 1999 年为突变年，可分为 2 个时段，1982～1998 年全区 PDSI 均值都在−1 以上，但未达到干旱等级，而且湿度有增加的趋势。1999年后全区干旱事件发生的频度、强度及影响范围都在显著增加，85%的年份（11年）全区PDSI均值下降到−1以下，其中有3年PDSI均值达到−2以下，尤其以2005年后下降趋势显著。1982～2011年干旱发生区域占全区面积30%以上的年份共有13年，其中11年发生在1999年以后，干旱区域占全区面积50%以上的年份共有8年，均发生在1999年后。与干旱发展趋势相对应，内蒙古高原NDVI的变化表现为1982～1999年有增加的趋势，1999年后有逐渐降低的趋势。大量的研究表明，NDVI与干旱有显著的相关性（Dai and Trenberth，2004；Fernández-Giménez et al.，2012；Nandintsetseg and Shinoda，2013）。

2. 1982～2011年内蒙古高原干旱事件和植被NDVI季节动态的区域整体特征

1982～2011年内蒙古全区各个季节干旱也有逐渐加重的趋势，冬旱、春旱的发展速度较夏旱、秋旱快。干旱面积占全区面积30%以上的干旱事件春、夏、秋、冬各个季节发生频率都在40%～50%，其中，夏季平均发生面积最大，占全区面积的72%；其次为秋季、春季和冬季，分别占全区面积的67%、56%和54%。无论是干旱发生频数、强度，还是干旱发生面积，夏旱、秋旱都要比春旱、冬旱严重。与Wang等（2003）根据1950～2000年中国629个气象站逐月降水资料，采用Z指数作为旱涝等级划分标准得出的中国北方不同季节区域干旱的发生发展特征一致。这一结论显然与各个季节的降水分配及变化趋势是一致的。①内蒙古地区降水主要集中在夏季，夏季降水占全年降水的67.2%，其次是秋季降水，占全年降水的16.5%，而春季降水和冬季降水合起来才占全年降水的16%左右。夏、秋两季降水较多，发生干旱事件的频数也会相应减少。②从1982～2011年降水距平百分比的变化趋势来看，夏、秋两季降水减少明显，降水距平百分比的变化率分别为−0.9%/a、−0.5%/a，而春、冬两季降水略有增加，降水距平百分比的变化率分别为0.4%/a、0.8%/a，因此同样在升温的前提下，夏、秋两季发生干旱的概率会比春、冬季节增加。

在各个植被类型区，虽然夏、秋两季发生干旱事件的频数、强度会比春、冬两季增加，但是NDVI与干旱指数相关显著的阶段都出现在生长季初期至旺期这一时间（6～8月）内，受春旱、夏旱影响较重，尤其是6月植被NDVI受干旱影响最大，其原因是这一阶段植物生长速度较快，植被对土壤水分变化较为敏感，而气候干旱导致土壤水分亏缺，从而使得干旱对植被影响较大。植被生长对干旱响应具有季节性效应，因此，在研究植被与干旱的关系时，季节性效应是必须考虑的重要因素之一。

3. 内蒙古高原干旱及其对植被生长影响的时空分异

内蒙古高原主要位于干旱半干旱区，地域广阔，东西跨30个经度，南北跨16个纬度，从东北到西南，气候由湿润到极端干旱，植被类型依次为森林、中温型草甸草原、中温型典型草原、中温型荒漠草原和草原化荒漠。虽然 2000～2011 年内蒙古地区干旱总体上有加重的趋势，但各植被类型区发生干旱事件的频数、强度、面积均有不同，对干旱的响应存在明显的空间差异。

不同区域按干旱发生频数分为三级：Ⅰ级表示发生干旱频数 1～5 次；Ⅱ级表示发生干旱频数 5～10 次；Ⅲ级表示发生干旱频数 10～15 次。就全年平均值而言，干旱发生频数与面积最大的区域是中温型草甸草原区，Ⅲ级与Ⅱ级面积近相等；中温型典型草原区与中温型草甸草原区基本接近，Ⅲ级面积略低于Ⅱ级面积；中温型荒漠草原区与草原化荒漠区无Ⅲ级干旱事件发生；森林区发生Ⅲ级干旱的面积较小，主要表现为Ⅱ级类型；就季节分布而言，春季除草原化荒漠区以外，其他植被区干旱事件主要为Ⅱ级。中温型草甸草原区和典型草原区是夏季与秋季干旱的主要发生区，以Ⅲ级为主；冬季干旱也主要发生在草甸草原区和典型草原区，但Ⅲ级的面积降低，草甸草原区Ⅲ级与Ⅱ级近相等，但典型草原区以Ⅱ级为主。更干旱的荒漠草原区和草原化荒漠区Ⅲ级面积在各个季节均较小，主要为Ⅱ级与Ⅰ级；较湿润的森林区夏季、秋季Ⅲ级的面积较大。

总之，无论是年度干旱还是季节干旱，中温型草甸草原区和典型草原区都是受旱最严重的区域，春季干旱高发生中心主要位于中温型草甸草原区、典型草原区、荒漠草原区，到了夏、秋季干旱高发生中心有扩展并向东部森林区位移的趋势，冬季干旱高发生中心回落到中温型草甸草原区、典型草原区、荒漠草原区，与春旱的发生中心一致。与干旱事件的发生规律相对应，中温型典型草原区 NDVI 减少区域面积所占比例最大，变异系数最小。以中温型典型草原区为中心，不论是沿着中温型草甸草原区—森林区的梯度，还是沿着中温型荒漠草原区—草原化荒漠区的梯度，NDVI 减少区域面积所占比例都在逐渐减小，同时变异系数在逐渐增加。

Lu 等（2009）研究了内蒙古高原 1955～2005 年气候变化在区域、群落和局部尺度上的趋势，草原区和荒漠区比森林区后 10 年饱和水汽压亏缺（the vapor pressure deficit）增加明显，表明干旱加剧，这与本研究中草原化荒漠区干旱的变化趋势不明显的结论不一致，反而降水有增加的趋势。John 等（2013）研究了 2000～2010 年内蒙古高原植被生长对夏季干旱的响应，结果表明荒漠植被对干旱响应更大，草原植被比荒漠植被对干旱抵抗力更大，与本研究的结论不完全一致。John 等研究的荒漠区包括本研究的中温型荒漠草原区和草原化荒漠区，与本书的荒漠区不完全一致。

不同类型的草原对水热因子的响应存在着较大的差异（Piao et al.，2006）。本研究的结果表明：中温型典型草原区和中温型荒漠草原区是发生干旱频数最多、范围最广、受干旱影响最大的两个地区，同时是 NDVI 降低范围最广的地区。2000 年后内蒙古高原 300mm 年降水线的南移和 2℃年平均温度线的东移，使内蒙古中温型典型草原区和荒漠草原区降水显著减少（通过 95%置信度检验）、温度显著升高（通过 95%置信度检验），成了受旱最严重的地区（图 3.21）。

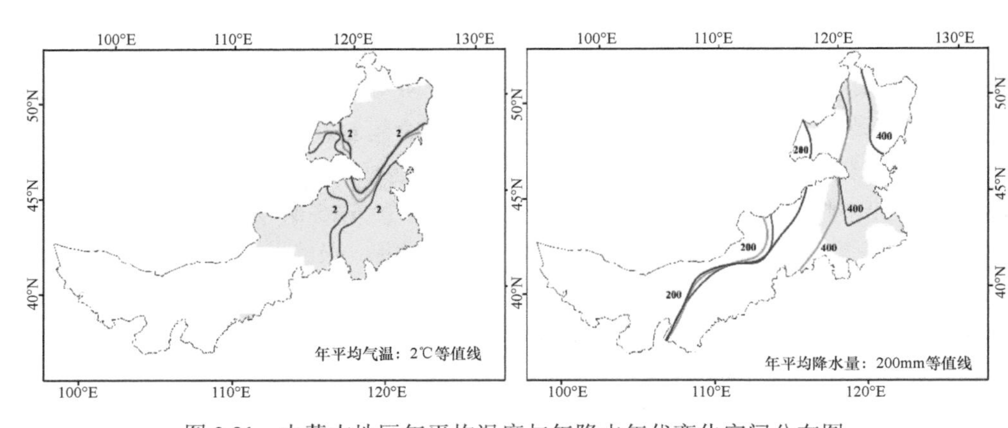

图 3.21　内蒙古地区年平均温度与年降水年代变化空间分布图
（阴影区通过 0.05 显著性水平检验）
红色线条：2000～2011 年；绿色线条：1990～1999 年；蓝色线条：1980～1989 年；黄色区域表示有显著变化

对不同植被类型区影响最严重的干旱时期存在一定差异，这种异质性与局部气候、植被类型密切相关。在季节尺度上，中温型典型草原区、中温型荒漠草原区和草原化荒漠区与夏旱的相关面积较大，受夏旱影响严重；森林区、中温型草甸草原区与春旱的相关面积较大，受春旱影响较重。

4. 干旱对植被生长影响的时滞效应

内蒙古高原干旱对植被生长的影响表现出一定的时滞效应，5 个植被类型区除了草原化荒漠区以外，其他类型植被区 NDVI 均与春旱存在 2 个月的时滞效应（7 月），与夏旱存在 1 个月的时滞效应（9 月），与秋旱无时滞效应。而冬旱（黑灾）除了对典型草原区下一年 5 月的 NDVI 有轻微的影响以外，对其他几个植被类型区没有明显的影响，这与其他学者的研究结果基本一致，但时滞时间有一定的差异。Piao 等（2006）认为中国温带草原植被 NDVI 与温度存在 3 个月的时滞效应，在典型草原和荒漠草原区，春季和秋季的 NDVI 都与前一个季节的降水呈正相关，这种时滞效应一般不超过 3 个月；李霞等（2006）、许旭等（2010）、张清雨等（2013）研究内蒙古温带草原植被盖度变化及其与气象因子的关系，发现 NDVI 与降水存在 1～2 个月的时滞效应；陈效逑和王恒（2009）研究表明内蒙古典型草原 NDVI 与降水量存在半个月的时滞效应；Wang 等（2003）发现美国大草原 NDVI 与降水存在 2～4 周的时滞效应。

5 个植被类型区 NDVI 与干旱的时滞效应具有经度地带性和纬度地带性，沿中温型荒漠草原—中温型典型草原—中温型草甸草原—森林区，春旱与 6 月 NDVI，夏旱与 8～9 月 NDVI 显著相关区域面积所占比例都在逐渐降低，表明草原区沿水分减少梯度植被受春旱与夏旱的影响作用更强烈，与张清雨等（2013）的研究结论基本一致。

植被生长对干旱反应的滞后源于植物生长发育对降水反应的滞后，植物生长发育需要一定的时间，通常不会对降水变化做出快速的反应。各个植被类型区植被的生长在大多数年份都是起始于 4 月下旬至 5 月上旬，在这段时期内气温较低，导致植被的生长速度缓慢，需水量少，同时 NDVI 值低难以反映出波动情况，而到了 6 月随着气温的逐渐升高，植物生长加速，对水分需求不断增加，因此，春旱对 NDVI 的影响表现明显；7～8 月为植物生长最旺盛的时期，如果干旱对植物后期的生长影响很大，则 8 月 NDVI 值会降低；9 月植物生长已经进入到末期，对水分的需求减少，因此，降水的多少对植被 NDVI 影响不大。

第四节　未来气候变化对草地畜牧业的影响

一、气候变化对草地类型及其 NPP 影响分析

（一）草地类型变化分析

沿用 20 世纪 80 年代我国草地详查时所使用的草地类型分类标准，利用伊万诺夫湿润度对未来气候变化条件下内蒙古自治区的温型天然草地进行划分，三种主要草地类型的分布面积如表 3.18 所示。由此可以看出，除 2020s 时段草甸草原两种情景的草地面积略有增加外，之后各时段草甸草原的面积都有所减少；未来气候变化使得典型草原和荒漠草原不断增加，且荒漠草原的面积增幅较大。

表 3.18　气候变化下内蒙古主要草地类型分布面积（万 km^2）及其变化幅度（%）

时段	情景	草甸草原		典型草原		荒漠草原	
		平均值	变化幅度	平均值	变化幅度	平均值	变化幅度
BS		23.5		45.0		13.0	
2020s	A2	23.8	1.1	46.5	3.3	15.5	19.2
	B2	23.8	1.1	46.8	3.9	17.3	32.7
2050s	A2	21.3	−9.6	54.0	20.0	16.8	28.8
	B2	22.8	−3.3	50.3	11.7	17.3	32.7
2080s	A2	22.0	−6.4	55.3	22.8	19.3	48.1
	B2	21.5	−8.5	52.3	16.1	17.8	36.5

内蒙古自治区的草甸草原带分布在大兴安岭西侧的呼伦贝尔高原和嫩江西岸平原，锡林郭勒高原和大兴安岭南段的迎风坡也有部分分布；典型草原则分布在草甸草原的东西两侧；荒漠草原分布在草原带的最西侧，西辽河平原也有零星分布。随着未来气候变化，总体上内蒙古自治区温型草原带逐渐向西部荒漠带和东北部森林带扩张。

内蒙古自治区气候变化条件下各类草地类型的界限移动是和温度、降水及由它们引起的相对湿度的变化密切相连的。在高温低湿的西部地区，年降水量是植被生长的限制性因子，因而草原带走向接近于降水带的东北—西南走向，而不是温度带的西北—东南走向；而在降水相对充足但热量条件受限的东北地区，草原带的分布与温度带的分布更为一致。温度和降水配合引起相对湿度的变化，相对湿度以大兴安岭为轴线向两侧增加，西部低湿区域向西移动，而北部高湿区域向北退缩，这导致了内蒙古草原带向荒漠带和森林带的扩张。

（二）草地 NPP 变化分析

未来气候变化对内蒙古自治区草甸草原 NPP 产生显著影响，2011～2100 年草甸草原 NPP 在波动中增加，总体上呈现上升趋势，并且在 A2 和 B2 两种情景下草甸草原的 NPP 差距显著（图 3.22）。A2 情景下，草甸草原 NPP 增加量约

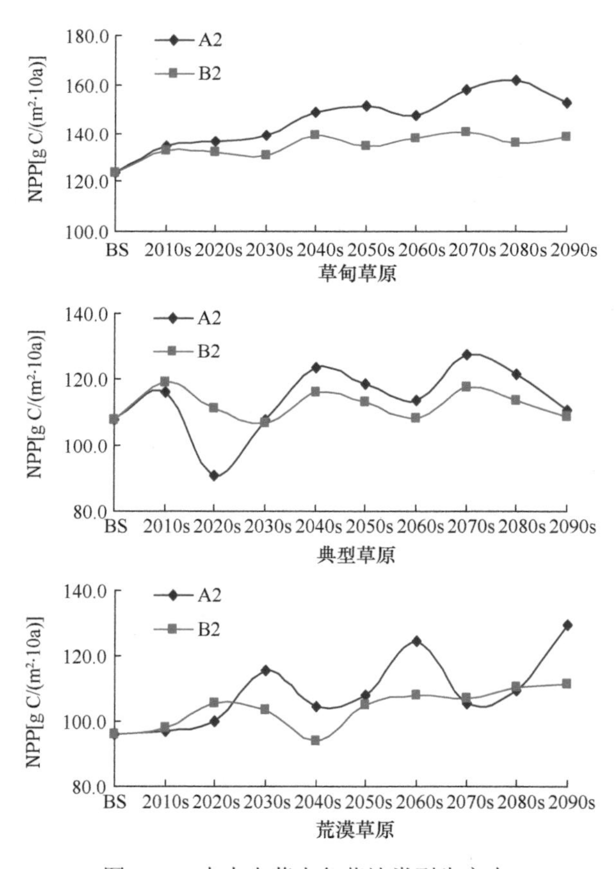

图 3.22　未来内蒙古各草地类型生产力

为 4.0g C/（m^2·10a），升高趋势达到极显著水平（即达到 0.01 置信水平），比 B2 情景下 NPP 的年均增加量多 2.2g C/（m^2·10a）。B2 情景下，2011～2100 年草甸草原的 NPP 平均比基准年时段增加 6.1%，低于 A2 情景下草甸草原 NPP 平均 10.2% 的增加量，但是 A2 情景下草甸草原 NPP 的波动要大于 B2 情景。随着时间的推移，A2、B2 两种情景下草甸草原 NPP 的差别逐渐扩大，通过方差分析得到在 2010～2100 年，A2、B2 两种情景下内蒙古自治区草甸草原的 NPP 差异显著。

未来气候变化条件下，内蒙古自治区典型草原 NPP 的平均值虽然高于基准年时段，但增加趋势不明显，并且 A2 情景下自 21 世纪 40 年代起，典型草原 NPP 出现下降的趋势。2011～2100 年，A2 情景下内蒙古典型草原的 NPP 平均值为 114.5g C/（m^2·a），比基准年增加 6.2%，增加量高于 B2 情景，但是两种情景下 NPP 水平出现交替升降现象，通过方差分析验证，A2 情景和 B2 情景下，内蒙古典型草原 NPP 的差异不明显。2020s 到 2080s 时段 B2 情景下内蒙古典型草原的 NPP 缓慢上升，而 A2 情景下典型草原 NPP 波动较大，在 21 世纪 20 年代出现 NPP 低值，之后波动上升。

与基准年时段相比，内蒙古自治区荒漠草原 NPP 在 A2 情景下的波动较大，但是两种情景下 NPP 交替升降，差异不显著。2020s、2050s、2080s 时段 A2 情景下 NPP 平均值分别为 104.2g C/（m^2·a）、112.4g C/（m^2·a）和 114.7g C/（m^2·a），一直保持较为快速的上升；而 B2 情景下内蒙古荒漠草原的 NPP 则上升缓慢，并在 21 世纪 40 年代出现最低值，三个时段的 NPP 平均值分别为 102.4g C/（m^2·a）、102.4g C/（m^2·a）和 109.7g C/（m^2·a）（表 3.19）。

表 3.19　未来内蒙古各草地类型 NPP 的平均值[g C/（m^2·a）]和变化幅度（%）

时段	情景	草甸草原		典型草原		荒漠草原	
		平均值	变化幅度	平均值	变化幅度	平均值	变化幅度
BS		123.1		107.7		95.8	
2020s	A2	136.7	11.0	105.0	–2.5	104.2	8.8
	B2	131.7	7.0	112.3	4.3	102.4	6.9
2050s	A2	149.2	21.2	118.5	10.0	112.4	17.3
	B2	137.2	11.5	112.5	4.5	102.4	6.9
2080s	A2	135.7	10.2	119.7	11.1	114.7	19.7
	B2	138.1	12.2	113.3	5.2	109.7	14.5

未来气候变化条件下内蒙古各类草地中荒漠草原的 NPP 增加最为明显，这与分布有荒漠草原的内蒙古西部地区的湿度增加有关，其次 NPP 变化明显的是草甸草原，气候变暖使分布有草甸草原的内蒙古东北部地区的热力条件得到改善。典型草原的 NPP，尤其是在 B2 情景下变化不明显。

CO_2浓度的提高对草地植被有肥效作用，CO_2的肥效作用使内蒙古三类主要草地类型单位面积的NPP都有不同程度的提高。除2020s时段的荒漠草原外，A2情景下CO_2的肥效作用比B2情景下明显，且两者间的差异随大气中CO_2含量的增加而增加，即随着时间的推移，两种情景下的NPP差异越来越大。从不同草地类型来看，CO_2对荒漠草原的肥效作用最为明显，其次是典型草原，对草甸草原的肥效作用最微弱。这是因为CO_2浓度的增加可以改变草地植物的气孔导度，从而提高土壤WUE，这种作用在内蒙古干旱的西部地区更为明显（表3.20）。

表3.20　CO_2对NPP的肥效作用（%）

时段	情景	草甸草原	典型草原	荒漠草原
2020s	A2	0.80	0.72	0.85
	B2	0.75	0.51	0.86
2050s	A2	1.62	1.81	1.90
	B2	1.02	0.90	1.20
2080s	A2	3.31	4.54	5.07
	B2	1.50	1.99	2.23

综合考虑气候变化对内蒙古草地类型分布和单位面积NPP的影响，计算各类草地和全区2020s、2050s、2080s时段在A2、B2两种情景下的总NPP，结果如表3.21所示。内蒙古自治区典型草原对全区总NPP的贡献最大，这与典型草原在内蒙古自治区有广阔的分布面积有关。虽然草甸草原单位面积NPP的增量较大，但是由于气候变化其面积缩减，因此草甸草原总NPP增加较少，B2情景下2080s时段还出现了降低。气候变化使荒漠草原面积和单位面积NPP都有所增加，所以荒漠草原总NPP的增幅最明显，到2080s时段两种情景下的增量与基准年相比都超过50%。由于各类草地的总NPP基本都呈增加趋势，因此2011～2100年内蒙古自治区温型草原的生产力不断增加，且A2情景下的增加比B2情景明显。

表3.21　内蒙古草地总NPP

时段		草甸草原		典型草原		荒漠草原		全区	
		A2	B2	A2	B2	A2	B2	A2	B2
2020s	总量（Tg C/a）	32.5	31.3	48.8	52.6	16.2	17.7	97.5	101.6
	增量（%）	4.3	0.4	0.7	8.5	29.7	42.2	5.8	10.3
2050s	总量（Tg C/a）	31.8	31.3	64.0	56.6	18.9	17.7	114.7	105.6
	增量（%）	1.9	0.2	32.0	16.8	51.7	42.2	24.5	14.6
2080s	总量（Tg C/a）	34.6	29.7	66.2	59.3	22.1	19.5	123.0	108.5
	增量（%）	11.0	−4.8	36.6	22.3	77.8	56.7	33.5	17.8

（三）草地 NPP 与气候条件的相关性分析

2011～2100 年，内蒙古各类草地的 NPP 都随年均降水量的增加而增加，总体来看荒漠草原 NPP 与年均降水量的线性关系最好。A2、B2 两种情景下，草甸草原 NPP 与年均降水量的相关系数分别为 0.965 和 0.744，相关性都达到极显著水平。典型草原 NPP 与年均降水量的相关性也较好，A2 情景下典型草原 NPP 与年均降水量的相关系数为 0.722，B2 情景下典型草地 NPP 与年均降水量的相关系数为 0.842，都达到极显著水平。荒漠草原 NPP 与年均降水量的相关系数，A2 情景下为 0.917，B2 情景下为 0.832，相关性都达到极显著水平。草甸草原和荒漠草原 NPP 与年均降水量的相关关系在 B2 情景下好于在 A2 情景下，而典型草原则是 B2 情景好于 A2 情景。

2011～2100 年，内蒙古自治区草地 NPP 与年均温度的相关性不及其与降水的相关性明显。草甸草原的 NPP 与温度呈正相关，A2 情景下，这种相关性比较明显，NPP 与年均温度的相关系数为 0.665，达到极显著水平，B2 情景下，NPP 与年均温度仅表现出正相关关系，但达不到显著水平。A2、B2 两种情景下，典型草原 NPP 与年均温度的相关关系不太明显，A2 情景下典型草原 NPP 与年均温度呈正相关，而 B2 情景下则呈负相关关系，但是两种情景下，NPP 与年均温度的相关关系都达不到显著水平。荒漠草原的 NPP 与年均温度呈现出正相关，A2 情景下这种相关性比较微弱，B2 情景下草地 NPP 与年均温度的相关性好于 A2 情景。

（四）小结

1）气候变化下内蒙古自治区草甸草原的面积有所减少，典型草原和荒漠草原的面积都有所增加。到 2080s 时段 A2、B2 两种情景下，与基准年时段（1961～1990 年）相比草甸草原面积将分别减少 8.5%和 6.4%，典型草原和荒漠草原的面积将分别增加 22.8%、16.1%和 48.1%、36.5%，其中荒漠草原面积增加最多，草甸草原面积变化最少。

未来内蒙古自治区温型草原带逐渐向西部荒漠带和东北部森林带扩张，这是内蒙古西部干湿化和东北部暖干化的结果。

2）未来气候变化条件下内蒙古各类草地中荒漠草原的 NPP 增加最为明显，这与分布有荒漠草原的内蒙古西部地区的湿度增加有关，其次 NPP 变化明显的是草甸草原，气候变暖使分布有草甸草原的内蒙古东北部地区的热力条件得到改善。典型草原的 NPP，尤其是在 B2 情景下变化不明显。

CO_2 的肥效作用使内蒙古三类主要草地类型单位面积 NPP 都有不同程度的提高。A2 情景下 CO_2 的肥效作用比 B2 情景下明显，CO_2 对荒漠草原的肥效作用最为明显，其次是典型草原，对草甸草原的肥效作用最微弱。这是因为 CO_2 通过改变土壤水分利用效率来改变草地植物的 NPP，所以这种效应在高温的 A2 情景和少雨的荒漠草原地区更明显。

内蒙古自治区的草地总 NPP 变化总体上 A2 情景大于 B2 情景，内蒙古自治区草甸草原 B2 情景下的总 NPP 出现下降，这与草甸草原面积的减少直接相关，气候变化使得草甸草原在 B2 情景和其他草地类型在两种情景下总生产力不断增加，其中荒漠草原总生产力的增加最明显，这是因为气候变化使得内蒙古自治区西部气候暖湿化，荒漠草原的面积和单位面积 NPP 都有所增加。

3）未来内蒙古各类草地的 NPP 与年均降水量的线性关系好于其与年均温度的线性关系，各类草地 NPP 与年均降水量都呈显著正相关，与年均温度的相关性只有草甸草原在 A2 情景下达到极显著水平，其余情况下都未达到显著水平。

二、气候变化对畜牧业的影响

气候条件与牧草产量、牲畜繁殖、牲畜品种有着极为密切的关系，是影响畜牧业生产的要素之一。气候变化既可以给畜牧业生产带来正效应，也可带来负效应（刘德祥等，2005）。总的来说，气候变化一般会有利于各地畜牧业的发展。气候向暖干转变时，适应暖干气候的山羊、驴、骆驼的分布区域可能扩大，而马、牛的分布区将向东退缩。青藏高原由于雪线上升，各家畜的分布线将上移，牦牛和藏绵羊的放牧区会扩大。由于冬、春季气温升高，加之牧区雪灾趋于减少，对牧区牲畜越冬度春非常有利，牲畜死损率趋于减少。就甘肃主要牧区甘南州而言，20 世纪 80 年代中期以前，牲畜死损率较高，在 10%～25%，主要由冬、春季低温多雪所致。20 世纪 80 年代中期以后，冬、春季气温持续上升，雪灾明显减少，甘肃甘南州牲畜死损率维持在一个偏低水平上，在 5%～15%，提高了牧民的收入。在全球变暖的条件下，秋冬季饲料需求减少，家畜得到有效保护，且能源消耗成本降低。

在全球变暖的条件下，夏季暖区的畜牧业生产可能受到不利的影响；凉区受到的影响较复杂，草饲家畜的情况较好，但牛奶生产可能会受到不利影响。总的来说，气候变化对家畜生长、生殖、健康产生负面影响，给草地畜牧业带来负效应。牲畜产量受影响的原因主要是气候变化引起草场生产力变化，从而产生间接影响（安华银和李栋梁，2003）。在南非地区当降水量变多和放牧压力变小时，牧草产量会大幅度增加，而当降水量少于往常时，牲畜的产量将会剧烈下降。气候变化导致的草地产草量减少，使牛羊采食量减少，羊的平均胴体重由 20 世纪 70 年代的 24kg/只下降到 1986 年的 15.9kg/只，牛的平均胴体重由 100kg/只下降到 62.7kg/只（马兴祥等，2000）。李博（1997）利用内蒙古锡林郭勒盟白音锡勒牧场资料和 SPUR2 模型，模拟出三种气候情景下的地上最大生物量和牲畜增重变化。可以看出，GFDL 与 UKMOH 情景使生物量分别提高 13.3%与 23.1%，牲畜体重增加 4.7%与 5.2%；而 MPI 将使生物量减少 3%，体重减少 8.8%。说明尽管三种情景的气候变化趋势一致，但其对生物量影响的模拟结果不尽相同，这可能由温度与降水的时间配置不同所致。各种动物或每个品种在不同的年龄有它最适宜的生长温度，在最适宜温度条件下，牲畜生长最快，饲料利用率最高，肥育效果最好，饲养成本最低。幼小家畜不像成年家畜那样能忍耐较大的温度变化范围，夏季温度升高，特别是那些具有大陆性气候特征、目前夏季温度已接近牲畜可忍受阈值的地区，有可能使牲畜产量降低。气温对产乳有直接影响。气候变暖将降低热带和亚热带家畜的日增重、产奶量和饲料转化率。在温带地区的寒冷季节，气候变暖对家畜生产有利，其原因是减少了饲料需求，增加了幼小家畜的成活率和降低了能源消耗。由于集约化的生产系统可以控制畜禽舍内环境，气候变化对其影响较小。未来气候变暖对家畜产品也有一定的影响。为适应未来气候变暖，家畜体格可能趋于变小，产肉量减少，但瘦肉率提高。气候变暖还将有利于巩固和扩大优质绒毛、裘皮生产基地，但由于我国许多优良细毛羊品种都是在北京寒冷气候条件下育成的，因此温暖的气候条件将使家畜的个体产毛量下降。此外，气候变暖对冬季奶牛的产奶量明显有利，而夏季因温度较高会造成奶牛产奶量和品质的下降。

热胁迫对家畜生产有决定性影响。在热带和副热带，夏季气候变暖对家畜的繁殖和生产有不利影响。气温过高对公畜的生殖机能和身体都有害。高温会引起许多家畜精液质量下降，短期热应激可导致精液质量长期不能恢复（黄昌澍，1989）。在自然条件下，高温使公畜的精液质量下降，母畜的受胎和妊娠也受到影响，因此，各种家畜夏季的繁殖力普遍下降。高温对预备妊娠的子宫和早期胚胎有危害性。高温使小母畜的初情期延迟，母畜不发情、发情期持续时间短，受胎率下降，胎儿死亡率增加，但高温的主要危害是导致受精后胚胎的早期死亡（黄昌澍，1989）。有关气候变暖对家畜疫病分布影响的分析表明，那些目前主要限于热带国家的牲畜疾病，如裂谷热病和非洲猪瘟可能扩展到美国，并引起严重的经济损失，在美国，已有的主要疾病地理分布也有可能扩大。目前，角蝇已使肉牛和奶牛业损失达 7.30 亿美元，气候变暖会使牛肉和牛奶生产蒙受更大的损失（李玉娥等，1997）。气候变化后扁虱对澳大利亚牛肉业将产生更严重的危害（李玉娥等，1997）。

第五节　牧民对气候变化的认识及适应措施

当前，国外学者围绕人类对气候变化的感知和适应开展了大量研究（Bord et al.，1998；Eakin et al.，2006），尤其是针对农业人口对气候变化的适应研究（Mertz et al.，2009；Mortimore and Adams，2001；Thomas et al.，2007）。由于气候变化的影响因素十分复杂，在世界各国表现出不一致的特征，因此不同地区的农民对气候变化影响因素的认识和对气候变化的适应策略也各具特色。Temesgen 等（2009）研究表明，受教育程度、性别、年龄和气候信息等影响，埃塞俄比亚尼罗河盆地农民主要采取种植不同作物品种、植树、保护土壤、早晚耕作、灌溉等方式来适应当地气候变化。塞内加尔农民对气候波动感知明显，当地农民常将牲畜患病、作物产量减少等一系列负面影响归咎于气候，并通过转变土地利用方式和生活策略来适应气候变化（Ole et al.，2009）。Reidsma 等（2010）认为，欧盟地区农民主要通过调整作物轮作和农田输入来有效减少气候变化及气候波动对作物产量与农业收入的潜在影响。法国、德国、意大利葡萄栽培兼葡萄酒酿造者感知到的气候变化趋势与长期气候记录的数据分析结果相同，这些受访者认为当前的气候变化影响了葡萄收成、葡萄酒品质，增加了葡萄患病虫害的风险；与多数德国葡萄栽培者不同，只有少数意大利和法国葡萄栽培者愿意考虑改良葡萄品种以适应不断变暖的气候（Antonella et al.，2009）。国内在该方面的研究起步相对较晚，可供参考、对比的研究资料不多。郁耀闯等（2009）通过问卷调查和实测数据对比研究发现，关中地区居民对温度、降水的感知结果与实测数据基本一致，在温度、降水变率较大的时段，居民感知结果差异也较大，关中东、西部地区居民对当地温度和降水的感知能力随年龄而有所差异；黑龙江省漠河市乡村人群具有较强的气候变化感知能力，对气候变化趋势的感知相对准确，但受个体客观背景环境的影响，感知结果存在一定的不确定性；由于可参照时间范围相对较短，人群对变化强度的感知存在一定的片面性；虽然人群能够正确认识气候变化的影响并做出相应调整，但调整的幅度通常较难把握（郁耀闯等，2009；云雅如，2009）。目前，国内关于人类对气候变化感知和适应的研究还很有限，尚有待研究者给予足够重视，以推动该领域全面、系统、深入发展，尤其是加强脆弱地区脆弱人群对气候变化感知和适应的研究。

Diffenbaugh 等（2007）研究发现，北半球高纬度地区属于对气候变化高度敏感地区。如果考虑人口和经济发展水平等因素，中国是全球面对未来气候变化最脆弱的国家之一。而从我国自身经济发展水平和生态环境来看，西部地区比东部地区更脆弱，尤其是关系到国家生态安全、绿色畜牧业健康发展、农牧民收入持续增加、边疆社会和谐稳定的北方温带草原（李维薇和侯向阳，2001）。北方温带草原总面积达 $1.61\times10^8hm^2$，约占中国国土总面积的 17%，占中国草地面积的 41%，是我国重要的可更新资源。有研究表明，我国北方草原地区是面对气候变化脆弱和敏感的地区（季劲钧等，2005；孙小明和赵昕奕，2009；牛建明等，2001；李霞等，2006）。由于生态环境严酷、生态系统脆弱，荒漠草原牧户主要依赖天然草原维持生计，面临的气候变化挑战更为严峻（李景平等，2006；李晓兵等，2002；赵雪雁，2009）。20 世纪 80 年代以来，我国草原牧区推行“双权一制”土地制度，形成了以牧户家庭为核心的草原放牧利用和管理新格局，牧户成为草原牧区包括荒漠草地畜牧业生产和生态环境保护的基本单位（钟方雷等，2005；卫智军等，2000；陈利顶和马岩，2007）。探讨草原地区牧户如何感知和适应气候变化，提高牧户适应气候变化能力，已成为我国气候变化适应研究和管理的重要议题。为此，以问卷调查的方法，基于牧户尺度研究了内蒙古荒漠草原地区牧户对 1979～2007 年气候变化的感知和适应行为，探讨牧户在感知和适应气候变化方面的状况、特点和不足，以期为构建荒漠草原地区气候变化适应性管理新模式提供依据。

一、气候变化特征分析

（一）气温变化情况

1980～2014 年，荒漠草原四子王旗年平均气温为 3.97℃。其中，年平均气温最低的年份是 1984 年，低至 2.4℃。四子王旗在这 35 年间气温呈逐渐上升的趋势，速率达 0.46℃/10a（$P<0.01$)（图 3.23）。

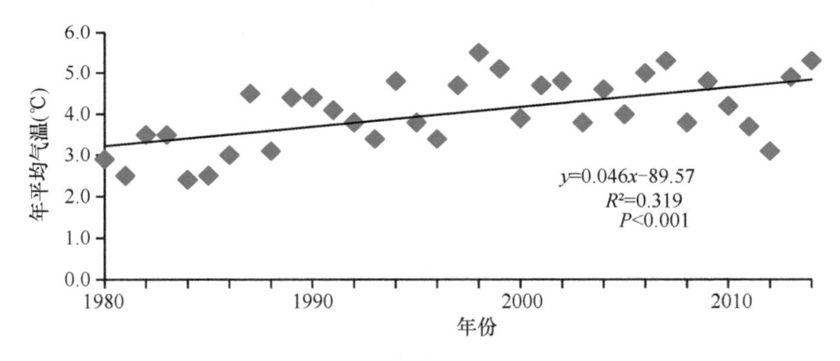

图 3.23　荒漠草原 1980～2014 年年平均气温变化图

典型草原在这 35 年内，温度呈缓慢上升趋势，速率为 0.30℃/10a（$P<0.05$），年平均气温为 1.67℃。年平均气温最低的一年是 1984 年，达−0.6℃。2007 年年平均气温最高，为 3.6℃（图 3.24）。

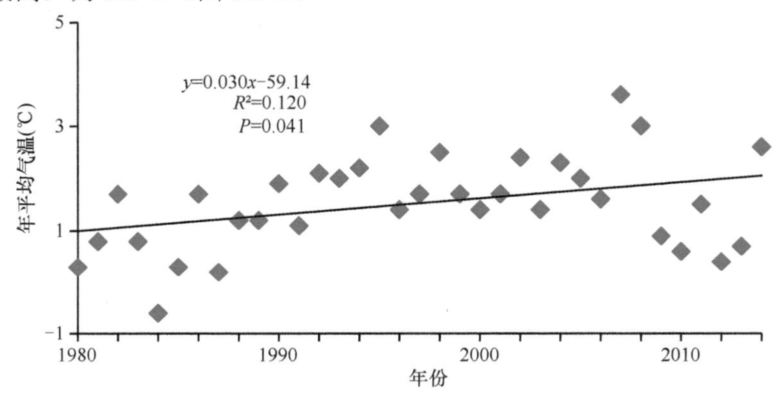

图 3.24　典型草原 1980～2014 年年平均气温变化图

草甸草原的气温也呈逐渐升高的趋势，速率为 0.34℃/10a（$P<0.05$）。35 年间年平均气温为−2.1℃，最高气温出现在 1995 年，达−0.5℃。2007 年年平均气温达第二高，为−0.7℃。1980 年年平均气温最低，为−4.1℃（图 3.25）。

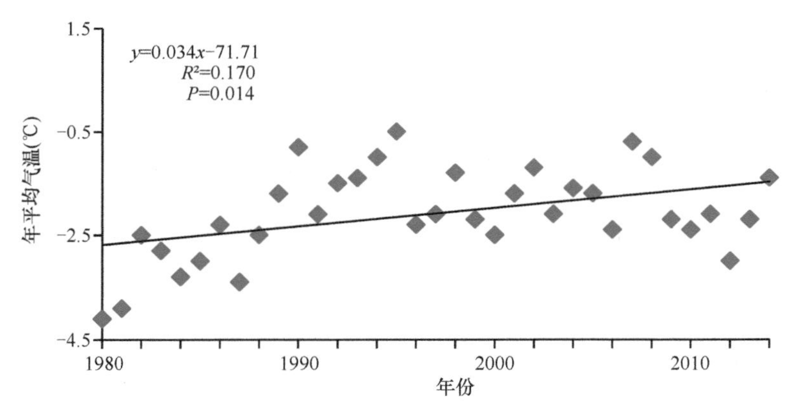

图 3.25 草甸草原 1980～2014 年年平均气温变化图

（二）降雨变化情况

图 3.26 显示了荒漠草原 1980～2014 年降水量的趋势（变化速率为 2.24mm/10a，$P>0.05$）。35 年平均降水量为 315.6mm。年际降水量波动较大，但年代际没有明显的变化趋势。1997 年是最干旱的一年，降水量仅为 195.2mm，降水量最多的一年是 2003 年，达到了 566.7mm，是 1997 年降水量的三倍左右。

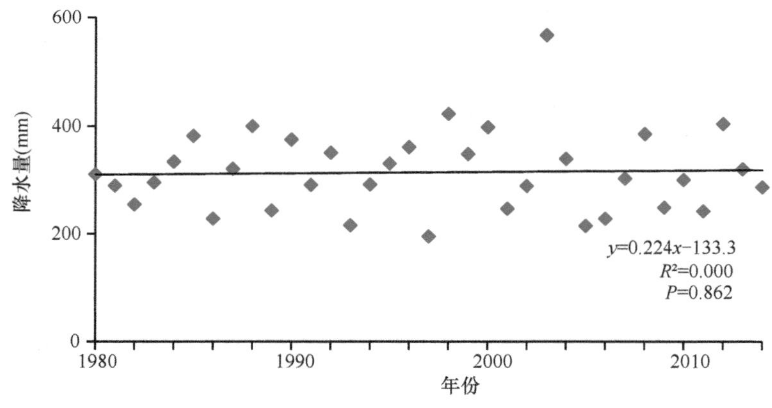

图 3.26 荒漠草原 1980～2014 年降水量变化图

典型草原降水量在 35 年间变化不明显，变化速率为−11.59mm/10a（$P>0.05$）。较为明显的是 1998 年，降水量明显高于其余年份，达 593.4mm。1980～2014 年，平均降水量为 243.4mm（图 3.27）。

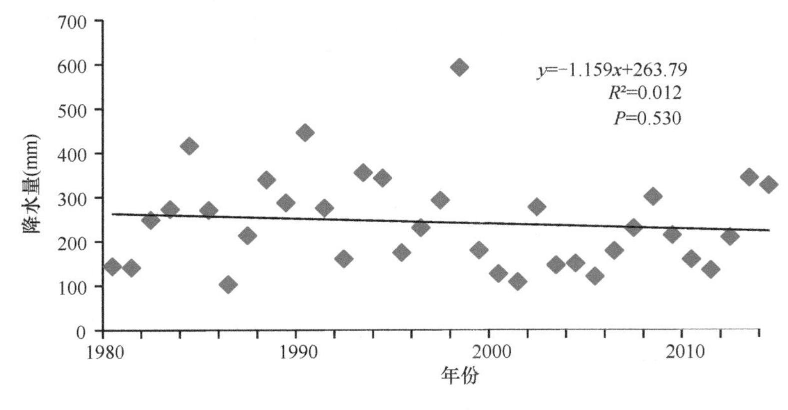

图 3.27　典型草原 1980～2014 年降水量变化图

草甸草原 35 年间降水量变化不明显，变化速率为−3.22mm/10a（$P>0.05$），平均降雨量为 368.3mm，2013 年降水量明显高于其余年份，达 715mm（图 3.28）。

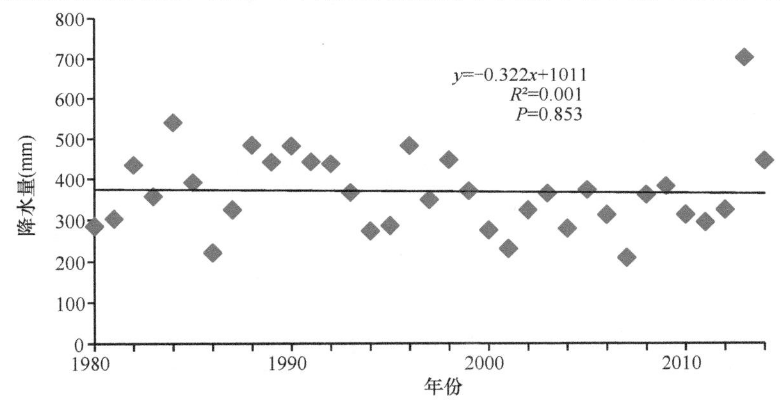

图 3.28　草甸草原 1980～2014 年降水量变化图

二、荒漠草原区牧民适应气候变化措施研究

（一）牧民对气候变化的感知

由表 3.22 可以看出，有 72.8%的牧民认为近几年降水量有所减少，并且有 60%的人认为降水量减少很多。81.8%的牧民认为主要减少的是春季降水量。只有少数牧民认为降水状况在这几年稍微好转，增加了一点。从表 3.22 也可以看出，牧民对年均温变化的感知不强烈，几乎一半的人认为是没有变化的。牧民普遍认为 2012 年是 21 世纪以来温度最低的一年，大量牲畜难以抵抗寒冷，死亡率高。此外，67%以上的牧民认为大风天气有所增加。

表 3.22　牧民对气候变化的感知（%）

气候变量	增加	不变	减少
年降水量	21.7	5.5	72.8
春季降水量	12.7	5.5	81.8
冬季降雪量	74.6	9.1	16.3
年均温	40.0	45.5	14.5
冬季温度	61.8	21.8	16.4
大风频率	67.3	3.6	21.9
干旱强度	78.2	5.5	16.3

（二）气候变化的影响

本书所论述的生计是指牧民在气候变化的背景下谋生采取的手段和方法。从表 3.23 看出，受访者中有 50 个人（91%）认为干旱对自己的生计有重要的影响，所以干旱是影响牧民生计最大的气候因素。受访者认为，干旱天气使得牲畜体质下降，容易上火生病，同时井内水位下降，牲畜饮用水受到影响，并且为了抵抗干旱，牲畜消耗饲草料增加。其次是大风天气，有 35 人（64%）认为其影响较大。关于大风天气，人们主要认为会影响出行，刮走草根，并会伴随扬沙，羊负担过重沙尘使得羊绒品质下降，夏季高温并伴随大风时导致牲畜蜕皮。34 人（62%）认为大雪对生计是有影响的。大雪时牲畜全部圈养，这也使得饲料的投入大大增加，并且天冷牲畜幼仔的成活率低。只有三位受访者认为，大雪有益于第二年草场的产量提高。超过一半的人认为高温对自己的生活没有什么影响。

表 3.23　极端气候对草原牧民的影响

极端气候	影响与否	利/弊	影响对象	如何影响
高温	影响（24）	有利影响（0）	牲畜（19）	易病（19）
		不利影响（24）	草（16）	草干（16）
			人（1）	限制出行（1）
	不受影响（31）			
干旱	影响（50）	有利影响（0）	牲畜（43）	易病（32）
		不利影响（50）		喂养饲料增加（26）
			草场（42）	草长不高（3）
				产草量下降（34）
			土壤（2）	土壤干（2）
	不受影响（5）			
大雪	影响（34）	有利影响（3）	牲畜（18）	易死亡（7）
		不利影响（31）		喂养饲料增加（11）
			草场（3）	盖住草（3）
			人（1）	限制出行（1）
	不受影响（21）			

续表

极端气候	影响与否	利/弊	影响对象	如何影响
大风	影响（35）	有利影响（0）	牲畜（28）	蜕皮（2）
		不利影响（35）		羊绒品质下降（20）
				限制出行（6）
				易丢失（6）
				身体瘦弱（2）
			草场（21）	刮走草根（21）
			人（3）	限制出行（21）
	不受影响（20）			
其他（狼灾）	影响（1）	有利影响（0）	牲畜（1）	易死亡（1）
		不利影响（1）		
	不受影响（54）			

（三）牧民应对气候变化的适应性措施分析

1. 牲畜种类和数量的变化

通过调查，有 34 户（62%）牧民家庭在 2008～2013 年改变了自家的牲畜种类，同时数量也发生了明显的变化。我们统计了接受问卷调查的 55 位牧民的牲畜数量，发现小牲畜的数量有明显的下降，其中山羊的减少率达到 68%以上。表 3.24 为内蒙古自治区统计局发布的四子王旗 4 个年份的牲畜数量，同样反映了近年来大型牲畜有所增长，山羊和绵羊的存栏量显著下降的现象。

表 3.24　不同年份牲畜数量

年份	年末大牲畜数量（万头）	年末羊存栏量（万只）
2000	2.62	104.81
2003	1.16	81.09
2008	2.94	75.79
2013	3.48	79.69

访问得到，牧民改变自己牲畜种类的首要原因是草场退化。草场退化导致草场的产草量下降，满足不了大量的牲畜啃食。其中排在第二、第三的原因是气候变化和草场承包。草场承包以后，每家每户都有了自己固定的草场，但随着绵羊、山羊的数量增加，自家草场退化严重，牧民开始选择对草场践踏小的大型牲畜，在恢复草场的同时获得收益。有少数人提到是由于政策导向，政府要求牧民实行转牧政策。调查中也有牧户由于家中劳动力缺少，没有时间和精力饲养大量的牲畜，因此转向饲养大型牲畜。

山羊繁殖率低、收益慢，大多数牧民逐渐放弃继续饲养山羊。查干补力格苏木的牧民引进了新品种小尾寒羊，其繁殖率高，一年可产两次羊羔，生长力顽强，存活率高，肉质好，价格高，收益颇丰。

2. 新型饲料的使用

20 世纪 80 年代左右，牧民饲养牲畜是以天然草场为主，没有购买过草料。但近年气候恶化，草场退化，牧民认为春季降水量显著下降，为抵抗灾害，对草料的需求逐渐加大。起初只是买一些干草、秸秆，到 2010 年，四子王旗牧区出现了新型饲料的推广。这种新型饲料相比于以往的牧草有更高的营养价值。随着干旱加剧，为了使牲畜能更好地抵抗灾害，许多牧民开始转而购买高价的饲料，饲料营养价值高，可以使牲畜保持较高的存活率。

但也有牧民认为饲料价格过高，大大增加了饲养的投入成本。现如今，饲草料已经成为牧民最主要的生产成本。成本投入的增加，势必会影响畜牧业的收入。为了保持饲草使用和成本投入相平衡，政府需加大对牧民资金借贷的支持，同时引进多种性价比较高的草料供牧民选择。

3. 草场租用

20 世纪 80 年代四子王旗开始划分草场，按老户、中户、新户划分。30 多年过去，草场面积出现了两极化。在调查的 55 户中，草场面积最多的达到 1.5 万亩[①]，而面积最小的只有 800 亩。近年来，牧民普遍认为降水量减少，且春季降水量减少很多，草场产草量下降，草场面积不均使面积少的牧民向面积富余的牧民家庭租用草场。在调查中，有 12 户家庭租用了草场，租用面积在 3000～20 000 亩。调查显示，经过租用的草场出现了沙化、草浅等现象，呈现退化的趋势。

4. 联合放牧

近年来牧民认为降水量明显减少，干旱加剧。为了增强抵抗灾害的能力，在访问中，脑木更苏木哈沙图嘎查出现了一种新的放牧形式被牧民所接纳，即联户放牧。哈沙图嘎查草场承包到户后，牧民人均草场使用面积较小，围栏后羊群对草场破坏严重。因此，嘎查决定摆脱分户经营方式采用联户放牧的形式，即十几户为一组共同放牧，草场共用。只在草场的外围进行了围栏加固，自行划区轮牧，分冬、夏季两个牧场。每户在草畜平衡的前提下，按自家所占草场的比例饲养牲畜。接羔等生产活动由集体统一进行。此外，饲料购买、牲畜买卖则是分户各自完成。大多数人都参与到这种新的放牧形式中。联户放牧不仅减轻了草场退化的程度，也大大节省了劳动力。

---

① 1 亩≈666.7m^2

5. 生计多样性

气候的变化、草场的退化使得一部分牧民放弃了牲畜的饲养，转而进行其他生计劳动。除了联户放牧，政府建立了 2 个养牛协会和 1 个养鸡协会，增加牧民的生计多样性。调查中，有一部分牧民雇用了羊倌对自己的牲畜进行代养，而自己本身选择外出打工。经调查后得知，这部分牧民主要是一些所占草场面积小、牲畜数量少、很难通过饲养牲畜方式获得更多利润的人，故而选择薪酬更高的城市打工生活。

6. 其他的适应性措施

为了减轻降水量减少带来的损失，除了以上适应性措施，牧民在应对气候变化影响时还采用储备饲草料、出售体弱牲畜、提供充足水源等措施来抵抗灾害。

（四）小结

与 1988 年相比，2000 年四子王旗水体的保有率仅有 41.74%，26.53%的村庄转出为农田，表明水体面积急速下降，村庄周围的土地被大量开垦成为农田。2013 年村庄保有率较上一时段显著提高，但是其主要转出方向仍为农田，转出率为 5.89 %，表明在村庄周围仍然有开垦农田的行为；水体面积有减少的趋势，保有率由上一时段的 41.74%下降为 38.93%。72.8%的牧民认为近几年降水量是有所减少的，并且有 60%的人认为降水量减少了很多，尤其是春季降水量，有 81.8%的牧民认为是减少的。牧民对年均温变化的感知不强烈，几乎一半的人认为是没有变化的。91%的牧民认为干旱对自己的生计有重要的影响。超过一半的人认为高温对自己的生活没有什么影响。牧民在应对气候变化时除了采用储备饲草料、出售体弱牲畜、提供充足水源等措施来抵抗灾害，还通过改变牲畜种类和数量、购买新型饲料、租用草场、联合放牧、外出打工等方式来规避自然灾害的风险。荒漠草原区牧民对草地退化的认知与其户主年龄、教育背景、民族等家庭变量均显著相关（$P<0.01$）；在草畜资源指标中，与草场面积显著相关（$P<0.01$），但与其他指标无关；在畜牧经营指标中，与雇工支出显著关系（$P<0.01$）；和基础设施指标均无关。

三、典型草原区牧民适应气候变化措施研究

（一）牧民对气候变化的感知

我们对 44 位牧民做了调查（表 3.25），100%的牧民都认为自 2012 年以来降水量有了明显的增加，这个结果与气候数据结果相一致。但降水主要还是集中在夏季七八月份。春季降水量只有 51.2%的人认为是有所增加的。牧民对冬季降雪

量、冬季温度的变化感知不明显。只有一半的人认为近年来年均温是增加的。对于大风天气，超过一半的牧民认为是没有变化的。降水量的增加，减缓了干旱的情况，68.2%的牧民认为干旱天气有所减少。

表 3.25　牧民对气候变化的感知（%）

气候变量	增加	不变	减少
年降水量	100	0	0
春季降水量	51.2	45.5	2.3
冬季降雪量	34.1	31.8	34.1
年均温	50.0	36.4	13.6
冬季温度	47.7	27.3	35.0
大风频率	13.6	65.9	20.5
干旱强度	4.5	27.3	68.2

（二）气候变化的影响

2011～2014 年，呼伦贝尔地区降水充沛，牧民对现阶段的气候现状比较满意。提及温度，牧民表示高温天气很少出现，对牲畜的影响不大。牧民感知大雪的影响不明显，冬季大雪对牲畜的影响很小，主要是限制出行。牧民认为大风和沙尘暴天气并不存在，所以没有影响。

（三）牧民对气候变化的适应性措施分析

1. 公共草场的利用

2012 年以前，牧民认为降水量过少，有干旱现象存在。公共草场的存在可以有效地缓解干旱带来的损失，解决草场面积小的压力。在陈巴尔虎旗鄂温克民族苏木，自七一牧场到莫根河有一片公共草场。据调查，20 世纪 80 年代苏木划分了该公共草场，规定该苏木的所有牧民都有在此放牧的自由。如今该公共草场共划分为 7 个畜牧生产队，每队 200 多人，所有的牧民均是夏季来此放牧，自家草场专门用来打草，打草结束后，再辗转到自己草场继续放养牲畜，这样便形成了冬营盘固定、夏营盘公共的现象。在公共草场区夏季河流水源充足，可以完全满足牲畜的饮用。当地没有井水，政府免费提供纯净的饮用水给牧民，这在很大程度上解决了牧民的生活问题。由于来此放牧的人与日俱增，甚至是其他苏木、旗县的牧民也都来此放养牲畜，公共草场地区畜群采食量长期超过了牧草的再生量，优良牧草大量减少，植被稀疏低矮，草场资源越来越匮乏，再加上药材市场价格暴涨，挖药根的人越来越多，草场的负担越来越重。

2. 牧业保险的购买

虽然2011～2014年草场情况有所好转，但气候的波动直接影响牧民的收入。为了将气候变化带来的灾害减小，6.8%的牧民选择购买了牧业保险。但大多数牧民表示没有听说过牧业保险，还有一小部分牧民认为没有必要购买。调查中，牧民认为牲畜数量不稳定，导致保险赔率的计算不精准，所以不愿意购买，还有一部分牧民认为并没有看到其他购买保险的牧民获得收益，所以也没有购买保险的意愿。

3. 生计多样性

旅游业带来的高额利益，使得牧民开始放弃养殖牲畜，转而发展商业。很多牧民看到了这一商机，开始设立"农家乐"旅游。有的牧民搭建了具有草原特色的蒙古包建筑，做起了宾馆的买卖。有的牧民将自己的马匹驯养温顺，以供游人坐骑。奶价的下跌，使得一些牧民开始选择直接制作奶制品，在旅游景区贩卖。还有一些牧民将自家的草场划分出一部分，开发成旅游点来吸引游客。

4. 其他的适应性措施

除了以上措施外，在应对极端气候时，储备大量饲草料、出售体弱牲畜、提供充足水源、完善基础设施等措施也都被牧民所采用。

（四）小结

2007年的地上生物量明显低于其余2008年、2013年和2014年。作为研究区域建群种的羊草，其2012年以后的生物量高于2007年，这与总生物量的变化趋势相一致。100%的牧民都认为自2012年以来降水量有了明显的增加。降水主要集中在夏季七八月份。51.2%的人认为春季降水量是有所增加的。牧民对冬季降雪量、冬季温度的变化感知不明显。只有一半的人认为近年来年均温是增加的。牧民对现阶段的气候现状比较满意，感知大雪的影响不明显，认为草场产量有了明显的提高，55.6%的牧民认为植被种类是减少的，66.7%的牧民认为牲畜饮用水是充足的。

牧民在应对气候变化时除了采用储备饲草料、出售体弱牲畜、提供充足水源等措施来抵抗灾害，还通过公共草场与自家草场的转换、购买牧业保险、牧业转商业等方式来规避自然灾害的风险。典型草原区牧民对草地退化的认知与其教育背景显著相关（$P<0.01$），与其他家庭变量均无关；在草畜资源指标中，与草场面积显著相关（$P<0.01$），但与其他指标无关；与基础设施和畜牧经营指标均无关。

四、草甸草原区牧民适应气候变化措施研究

（一）牧民对气候变化的感知

我们对 63 位牧民做了调查（表 3.26），92.1%的牧民认为自 2012 年以来降水量有了明显的增加，这个结果与气候数据结果相一致。但降水主要还是集中在夏季七八月份。春季降水量只有 69.8%的人认为是有所增加的。牧民对冬季降雪量、年均温、冬季温度的变化感知都不明显。降水量的增加，减缓了干旱的情况，84.1%的牧民认为干旱天气有所减少，这些牧民均认为发生干旱的主要原因还是降水减少。

表 3.26　牧民对气候变化的感知（%）

气候变量	增加	不变	减少
年降水量	92.1	1.6	6.3
春季降水量	69.8	22.2	8.0
冬季降雪量	27.0	31.7	41.3
年均温	30.2	36.5	33.3
冬季温度	49.2	25.4	25.4
大风频率	14.3	54.0	31.7
干旱强度	7.9	7.9	84.1

（二）气候变化的影响

草甸草原区牧民主要对干旱变化感知强烈，认为其对自身的生计有很大的影响。牧民感知大雪的影响不明显。呼伦贝尔地区历来气候寒冷，加上基础设施完善，冬季大雪对牲畜的影响很小，只限制了牧民的出行，对于常年的大雪，牧民已经习以为常。牧民认为大风和沙尘暴天气并不存在，所以并没有影响。

（三）牧民对气候变化适应性措施分析

1. 公共草场的利用

在额尔古纳市政府共划分了 2 个公共放牧场，一个放牧草场距离牧民住所较近，规定只能放养大型牲畜，还有一个公共草场距离住所较远，用来放养小型牲畜如绵羊等。这样把大、小型牲畜分开来放养，远远减少了对草场的啃食和践踏，但绵羊只挑好草吃，一吃就吃到根，对草场啃食和践踏比较严重，而大型牲畜吃草只吃茎叶，对草场践踏程度较小。所以，将牲畜合理地分开放养，能够更好地对草场进行恢复。

2. 集中饲养

草甸草原区的牧民以饲养奶牛为主，但草场面积有限，并且气候波动直接影响产草量的多少，加上技术有限、劳动力不足，所以牧民开始尝试将奶牛进行集中饲养，谢尔塔拉农场设立了奶牛小区。奶牛小区主要是由政府出资建设牛舍，将牧户的小数量奶牛集中起来进行统一管理、科学喂养，小区只收取部分折旧费。奶牛小区的建立，不仅提高了奶牛的产奶量，也节省了牧户饲养奶牛的精力。这种规模化的养殖方式，现已被广大养殖户普遍接受。

在劳动力少、无技术、资金不足、草场面积有限等前提下，奶牛小区的建立可以很好地将小数量的奶牛合并在一起，形成大规模的牛群，进行统一化管理和饲养，利用科学技术提高产奶量，从而调动了养殖户的积极性，促进了奶牛业的发展，并且提高了奶质，增加了收益。接受集中饲养的牧民，可以相互学习和帮助，有效地促进了人们之间的交流，并且节省了劳动力，家庭中剩余的劳动力可以从事其他行业，增加生计多样性而利于创收。奶牛集中饲养、集中收奶、分户管理的模式使得牧民走上了一条现代化的发展道路。

3. 牧业保险的购买

在调查中，额尔古纳市的牧民几乎都购买了牧业保险。由于每家每户距离较近，可统一归牧场管理，牧场在保证肉质奶质的前提下，为每一户推广了牧业保险，牧民看到了良好的前景，纷纷购买。有牧民表示，近年来天气变化越来越无常，为牲畜购买保险可以很好地规避风险，即使损失了牲畜，也还是有保险可以保障的。

4. 生计多样性

在海拉尔区的谢尔塔拉农场，有两户牧民加入了养鹅的致富项目中。近几年，奶制品价格下跌，禽类产品价格有上升的趋势，人们开始纷纷放弃饲养奶牛，转而养殖禽类动物。鹅肉的营养价值非常高，蛋白质含量为 22.3%，脂肪含量为 13.6%。因具有蛋白高、脂肪低的特点，鹅肉逐渐受到了现代人的青睐。同时养鹅投入的资金较少、周期短，可以较快地赚回本金获得利润。谢尔塔拉地区草场面积有限，属于草甸草原区，水源较为丰富，鹅的养殖很好地利用了当地的地形特征，短期内可获得高利润。

5. 其他适应性措施

除了以上措施，牧民还通过储备大量的牧草并且出售体弱牲畜来减少灾害带来的损失。

（四）小结

2012年地上生物量明显低于2008年、2013年和2014年。92.1%的牧民认为降水量有了明显的增加。春季降水量只有69.8%的人认为是有所增加的。牧民对冬季降雪量、年均温、冬季温度的变化感知都不明显。降水量的增加，减缓了干旱的情况，84.1%的牧民认为干旱天气有所减少。草甸草原区牧民主要对干旱变化感知强烈，认为其对自身的生计有很大的影响。牧民感知大雪的影响不明显，认为大风和沙尘暴天气并不存在，所以并没有影响。60.3%的牧民认为近年草场产量有所增加，79.4%的牧民在2008～2013年内没有改变自家的牲畜种类，95.2%的牧民认为饲养成本增加，并且增加很多。牧民通过储备大量的牧草并且出售体弱牲畜来减少损失，通过公共草场与自家草场的转换使用、建立奶牛平台、对奶牛进行集中饲养、购买牧业保险、转变养殖种类等来规避风险。草甸草原区牧民对草地退化的认知与家庭收入有关（$P<0.05$）。

参考文献

安华银, 李栋梁. 2003. 甘南高原近40年气候变化及其对农牧业影响的研究. 干旱气象, 21(4): 23-26.

安佑志. 2014. 基于遥感的中国北部植被NDVI和物候变化研究. 上海: 华东师范大学博士学位论文.

陈利顶, 马岩. 2007. 农户经营行为及其对生态环境的影响. 生态环境学报, 16(2): 691-697.

陈效逑, 王恒. 2009. 1982-2003年内蒙古植被带和植被覆盖度的时空变化. 地理学报, 64(1): 79.

陈佐忠. 1999. 草原生态系统20年定位研究进展与展望. 中国草地, 3: 1-10.

陈佐忠, 汪诗平, 王艳芬, 等. 2003. 内蒙古草原生态系统退化与围封转移. 绿网环境研究中心, 4(9): 31-35.

慈龙骏, 杨晓晖. 2004. 荒漠化与气候变化间反馈机制研究进展. 生态学报, 24(4): 755-760.

方精云. 2000. 全球生态学: 气候变化与生态响应. 北京: 高等教育出版社.

方精云, 朴世龙, 赵淑清. 2001. CO_2失汇与北半球中高纬度陆地生态系统的碳汇. 植物生态学报, 25(5): 594-602.

符淙斌, 严中伟. 1996. 全球变化与我国未来的生存环境. 北京: 气象出版社.

高亮之, 金之庆. 1994. 全球气候变化和中国的农业. 江苏农业学报, (2): 1-10.

高清竹, 李玉娥, 林而达, 等. 2005. 藏北地区草地退化的时空分布特征. 地理学报, 60(6): 965-973.

高素华, 郭建平, 周广胜. 2002. 高CO_2浓度下羊草对土壤干旱胁迫的响应. 中国生态农业学报, 10(4): 31-33.

巩祥夫, 刘寿东, 钱拴. 2010. 基于Holdridge分类系统的内蒙古草原类型气候区划指标. 中国农业气象, 3: 384-387.

侯向阳, 刘旭, 杨理. 2004. 草地生态建设战略重点研究//中国草业可持续发展战略论坛论文集. 北京: 农业部草原监理中心: 30-37.

黄昌澍. 1989. 家畜气候学. 南京: 江苏科学技术出版社.
蒋高明. 2001. 当前植物生理生态学研究的几个热点问题. 植物生态学报, 25(5): 514-519.
季劲钧, 黄玫, 刘青, 等. 2005. 气候变化对中国中纬度半干旱草原生产力影响机理的模拟研究. 气象学报, 63(3): 257-266.
李博. 1997. 中国北方草地退化及其防治对策. 中国农业科学, 30(6): 1-10.
李金花, 潘浩文, 王刚. 2004. 草地植物种群繁殖对策研究. 西北植物学报, 24(2): 352-355.
李景平, 刘桂香, 马治华, 等. 2006. 荒漠草原景观格局分析——以苏尼特右旗荒漠草原为例. 中国草地学报, 28(5): 81-85.
李青丰, 李福生, 乌兰. 2002. 气候变化与内蒙古草地退化初探. 干旱地区农业研究, 20(4): 98-102.
李维薇, 侯向阳. 2001. 我国西部草原协调发展的重点及对策. 中国软科学, (10): 20-23.
李霞, 李晓兵, 王宏, 等. 2006. 气候变化对中国北方温带草原植被的影响. 北京师范大学学报(自然科学版), 42(6): 618-623.
李晓兵, 李霞, 陈云浩. 2007. 中国北方草原植被对气象因子的时滞响应. 植物生态学报, 31(6): 1054-1062.
李晓兵, 陈云浩, 张云霞, 等. 2002. 气候变化对中国北方荒漠草原植被的影响. 地球科学进展, 17(2): 254-261.
李英年, 张景华. 1997. 祁连山区气候变化及其对高寒草甸植物生产力的影响. 中国农业气象, 18: 29-32.
李玉娥, 董红敏, 林而达. 1997. 气候变化对畜牧业生产的影响. 农业工程学报, 13: 20-23.
李岳云, 蓝海涛, 方晓军. 1999. 不同经营规模农户经营行为的研究. 中国农村观察, (4): 41-47.
李镇清, 刘振国, 陈佐忠, 等. 2003. 中国典型草原区气候变化及其对生产力的影响. 草业学报, 12(1): 4-10.
刘德祥, 董安祥, 薛万孝, 等. 2005. 气候变暖对甘肃农业的影响. 地理科学进展, 24(2): 49-58.
马兴祥, 刘明春, 尹东. 2000. 祁连山草原气候和草地资源开发利用. 草原与草坪, (3): 37-40.
牛建明. 2001. 气候变化对内蒙古草原分布和生产力影响的预测研究. 草地学报, 9(4): 277-282.
牛建明, 李博. 1995. 草地生物多样性保护研究. 呼和浩特: 内蒙古大学出版社.
牛建明, 吕桂芬. 1999. 内蒙古生命地带的划分及其对气候变化的响应. 内蒙古大学学报(自然版), 3(30): 360-366.
欧志英, 彭长连. 2003. 高浓度二氧化碳对植物影响的研究进展. 热带亚热带植物学报, 11(2): 190-196.
裴浩, 郝璐, 韩经纬. 2012. 近40年内蒙古候降水变化趋势. 应用气象学报, 5: 543-550.
朴世龙, 方精云, 郭庆华. 2001. 利用CASA模型估算我国植被净第一性生产力. 植物生态学报, (5): 603-608.
秦海蓉, 孔庆秀. 2004. 青海高原天然草原退化原因的判析. 草业与畜牧, (12): 46-48.
任继周, 侯扶江. 2004. 草地资源管理的几项原则. 草地学报, 12(4): 261-263.
盛文萍, 李玉娥. 2010. 内蒙古未来气候变化及其对温性草原分布的影响. 资源科学, 32(6): 1111-1119.
施雅风, 郑本兴, 李世杰, 等. 1995. 青藏高原中东部最大冰期时代高度与气候环境探讨. 冰川冻土, 17(2): 97-112.
苏波, 韩兴国, 李凌浩, 等. 2000. 中国东北样带草原区植物δ^{13}/C值及水分利用效率对环境梯度的响应. 植物生态学报, 24(6): 648-655.
孙小明, 赵昕奕. 2009. 气候变化背景下我国北方农牧交错带生态风险评价. 北京大学学报(自然科学版), 45(4): 713-720.
王馥棠. 2003. 气候变化对农业生态的影响. 北京: 气象出版社.
王炜, 刘钟龄, 郝敦元, 等. 1997. 内蒙古退化草原植被对禁牧的动态响应. 气候与环境研究, 2(3): 236-240.
王玉辉, 周广胜. 2004. 内蒙古地区羊草草原植被对温度变化的动态响应. 植物生态学报, 28(4): 507-514.
王遵娅, 丁一汇, 何金海, 等. 2004. 近五十年来中国气候变化特征的再分析. 气象学报, 62(2): 228-236.
卫智军, 张昊, 杨尚明. 2000. 对苏尼特右旗家庭牧场建设问题的探讨. 草原与草业, (3): 34-36.
肖向明, 王义凤, 陈佐忠. 1996. 内蒙古锡林河流域典型草原初级生产力和土壤有机质的动态及其对气候变化的反应. 植物学报, 38(1): 45-52.
谢昌卫, 丁永建, 刘时银. 2004. 近50年来长江—黄河源区气候及水文环境变化趋势分析. 生态环境学报, 13(4): 520-523.
许旭, 李晓兵, 梁涵玮, 等. 2010. 内蒙古温带草原区植被盖度变化及其与气象因子的关系. 生态学报, 30(14): 3733-3743.
杨永辉, 渡边正孝, 王智平, 等. 2004. 气候变化对太行山土壤水分及植被的影响. 地理学报, 59(1): 56-63.
郁耀闯, 周旗, 王长燕. 2009. 陕北地区公众气候变化感知的时空变异. 地理研究, 28(1): 47-56.
云雅如, 方修琦, 田青. 2009. 乡村人群气候变化感知的初步分析——以黑龙江省漠河县为例. 气候变化研究进展, 5(2): 117-121.
张国胜, 李林, 汪青春, 等. 1999. 青南高原气候变化及其对高寒草甸牧草生长影响的研究. 草业学报, 8(3): 1-10.
张清雨, 吴绍洪, 赵东升, 等. 2013. 内蒙古草地生长季植被变化对气候因子的响应. 自然资源学报, (5): 754-764.
张新时. 1993. 研究全球变化的植被-气候分类系统. 第四纪研究, 13(2): 157-169.
赵雪雁. 2009. 牧民对高寒牧区生态环境的感知——以甘南牧区为例. 生态学报, 29(5): 2427-2436.
郑凤英, 彭少麟. 2001. 几种数量综述方法的介绍与比较. 生态科学, 20(4): 73-77.
钟方雷, 樊胜岳. 2005. 河西走廊祁连山区牧户经济行为分析——以肃南县为例. 人文地理, 20(5): 112-117.
周广胜, 王玉辉. 1999. 全球变化与气候-植被分类研究和展望. 科学通报, 44(24): 2587-2593.
周广胜, 王玉辉, 高素华, 等. 2002. 羊草对 CO_2 倍增和水分胁迫的适应机制. 地学前缘, 9(1): 93-94.
周广胜, 张新时. 1995. 自然植被净第一性生产力模型初探. 植物生态学报, 19(3): 193-200.
周广胜, 张新时, 高素华, 等. 1997. 中国植被对全球变化反应的研究. 植物学报(英文版), (9): 879-888.
Antonella B, Gerard B, Marco B, et al. 2009. European winegrowers' perceptions of climate change impact and options for adaptation. Regional Environmental Change, 19: 61-73.
Bord R J, Fisher A, O'Connor R E. 1998. Public perceptions of global warming: United States and international perspectives. Climate Research, 11: 75-84.

Bunce J A. 2001. Directed and acclamatory responses of stomatal conductance to elevated carbon dioxide in four herbaceous crop species in the field. Global Change Biology, 7: 323-332.

Campbell B D, Stafford D M. 2000. A synthesis of recent global change research on pasture and rangeland production: reduced uncertainties and their management implications. Agriculture, Ecosystems and Environment, 82: 39-55.

Carter M R, Kunelius H T, Sanderson J B. 2003. Productivity parameters and soil health dynamics under long term 2-year potato rotations in Atlantic Canada. Soil & Tillage Research, 7: 3153-3168.

Casella E, Soussana J F, Loiseau P. 1996. Long-term effects of CO_2 enrichment and temperature increase on a temperate grass sward. I Productivity and water use. Plant and Soil, 182: 83-99.

Chen W, Wang Y, Yang S. 2009. Efficient influence maximization in social networks. *In*: ACM SIGKDD International Conference on Knowledge Discovery and Data Mining. Paris: DBLP: 199-208.

Cubasch U, et al. 2001.(including Zeng-Zhen Hu. Projections of Future Climate Change, in IPCC2001 Projections of Future Climate Change. 525-582.

Curtis P S. 1996. A meta-analysis of leaf gas exchange and nitrogen in trees grown under elevated carbon dioxide. Plant Cell and Environ, 19: 127-137.

Dai A, Trenberth K E. 2004. The diurnal cycle and its depiction in the community climate system model. Journal of Climate, 17(5): 930-951.

Diffenbaugh N S, Giorgi F, Raymond L. 2007. Indicators of 21st century socio-climatic exposure. Proceedings of the National Academy of Sciences of the United States of America, 104: 20195-20198.

Eakin H, Tucker C, Castellanos E. 2006. Responding to the coffee crisis: a pilot study of farmers' adaptations in Mexico, Guatemala and Honduras. Geographical Journal, 172: 156-171.

Fernández-Giménez M E, Batkhishig B, Batbuyan B. 2012. Cross-boundary and cross-level dynamics increase vulnerability to severe winter disasters (dzud) in Mongolia. Global Environmental Change, 22(4): 836-851.

Filella I, Llusi J, Pinol J, et al. 1998. Leaf gas exchange and fluorescence of *Phillyrea latifolia*, *Pistacia lentiscus* and *Quercus ilex* saplings in severe drought and high temperature conditions. Environmental & Experimental Botany, 39(3): 213-220.

Huxman T E, Hamerlynck E P, Moore B D, et al. 1998. Photosynthetic down-regulation in *Larrea tridentata*, exposed to elevated atmospheric CO_2: interaction with drought under glasshouse and field (FACE) exposure. Plant Cell & Environment, 21(11): 1153-1161.

Krankina O N, Dixon R K, Kirilenko A P, et al. 1997. Global climate change adaptation: examples from russian boreal forests. Climatic Change, 36(1-2): 197-215.

Liu Z L, Wang W, Liang C Z, et al. 1998. The regressive succession pattern and its diagnostic of Inner Mongolia steppe in sustained and super strong grazing. Acta Agrestia Sinica, 6(4): 244-251.

Lu N, Wilske B, Ni J, et al. 2009. Climate change in Inner Mongolia from 1955 to 2005-trends at regional, biome and local scales. Environmental Research Letters, 4(4): 45006.

Mertz O, Mbow C, Reenberg A, et al. 2009. Farmers' perceptions of climate change and agricultural adaptation strategies in rural Sahel. Environmental Management, 43: 804-816.

Mitchell S W, Csillag F. 2000. Assessing the stability and uncertainty of predicted vegetation growth under climatic variability: northern mixed grass prairie. Ecol Model, 139: 101-121.

Mortimore M J, Adams W M. 2001. Farmer adaptation change and crisis in the Sahel. Global Environmental Change, 11: 49-57.

Nandintsetseg B, Shinoda M. 2013. Assessment of drought frequency, duration, and severity and its impact on pasture production in Mongolia. Natural Hazards, 66(2): 995-1008.

Oleksyn J, Reich P B, Tjoelker M G, et al. 2001. Biogeographic differences in shoot elongation pattern among European Scots pine populations. Forest Ecology & Management, 148(1-3): 207-220.

Ole M, Cheikh M, Anette R, et al. 2009. Farmers perceptions of climate change and agricultural adaptation strategies in rural Sahel. Environmental Management, 43: 804-816.

Parmesan C, Yohe G. 2003. A globally coherent fingerprint of climate change impacts across natural systems. Nature, 421(6918): 37-42.

Peñuelas J, Filella I. 1998. Visible and near-infrared reflectance techniques for diagnosing plant physiological status. Trends in Plant Science, 3(4): 151-156.

Piao S, Mohammat A, Fang J, et al. 2006. NDVI-based increase in growth of temperate grasslands and its responses to climate changes in China. Global Environmental Change, 16(4): 340-348.

Reidsma P, Ewert F, Lansink A O, et al. 2010. Adaptation to climate change and climate variability in European agriculture: the importance of farm level responses. European Journal of Agronomy, 32: 91-102.

Singsaas E L, Sharkey T D. 2000. The effects of high temperature on isoprene synthesis in oak leaves. Plant Cell & Environment, 23(7): 751-757.

Temesgen T D , Rashid M H, Claudia R, et al. 2009. Determinants of farmers' choice of adaptation methods to climate change in the Nile Basin of Ethiopia. Global Environmental Change, 19: 248-255.

Thomas D, Twyman C, Osbahr H, et al. 2007. Adaptation to climate change and variability: farmer responses to intraseasonal precipitation trends in South Africa. Climatic Change, 83: 301-322.

Wang Z, Zhai P, Zhang H. 2003. Variation of drought over northern China during 1950-2000. Journal of Geographical Sciences, 13(4): 480-487.

Xiao X, Ojima D S, Parton W J, et al. 1995. Sensitivity of Inner Mongolia grassland to climate change. Journal of Biogeography, 22: 643-648.

第四章　适应气候变化的品种选育与人工草地建植

气候变化给草地生态系统带来的影响是不可能完全避免的，但是可认识的，因此研究草地生态系统对气候变化的适应和应对措施尤为重要。对气候变化的适应可理解为人类社会面对预期或实际发生的气候变化的系统运行、过程或结构所产生的影响而采取的一种有目的的响应行为（葛全胜等，2004）。适应所针对的主体是人类系统，目的是通过改变人类社会的脆弱性而减轻全球变化的不利影响，强化其有利影响，规避全球变化带来的风险（陈宜瑜等，2004；葛全胜等，2004）。从经济上讲，适应是以有限的投入，换取最大的收益或最小的损失，适应的方式是多种多样的，适应所需的成本和效果因适应方式的不同而各不相同。适应行为可以是自发的或有计划的，适应在发生时间上可以抢在全球变化达到某一临界值之前，也可以在变化发生之后。从可持续发展的角度看，对全球变化的适应不仅仅是人类降低社会系统脆弱性的手段，更是一种可持续发展能力建设，其目的是实现社会和自然的双重可持续发展（陈宜瑜等，2004；葛全胜等，2004；傅伯杰等，2005）。适应对策是降低气候变化风险，降低社会系统脆弱性的一种经济有效的补救措施，采取各种尺度的适应对策既能减缓气候变化的风险，又利于可持续发展的目标，两者是一致的。此外，草地生态系统具有重要的碳吸收潜力，尽管可能不是永久的，但草地生态系统的碳蓄存和碳吸收至少能为进一步开发与实施其他措施赢得时间（李克让等，2005）。

牧草的产量与地形、土壤、气候、牧草特性及利用状况密切相关，在诸要素中又以气候对其的影响最为明显。就气候条件来讲，产草量的高低主要取决于水热条件。内蒙古地区的热量条件一般能够满足牧草的生长要求，然而水分不同，一方面本区广大的牧区地表水很少，河流也是间歇性的，夏秋有水，冬春干涸；另一方面地下水埋藏深，天然牧场对地表水和地下水的利用自然很少，因此降水量的多少便成为本地区草场产量的主要影响因素。

优良牧草品种是发展生产的重要资料，是获得高产、优质的基础，不论采取什么先进工具或利用任何现代化技术，必须通过它才能发挥作用。农业增产靠科技，而科技重点在于选育优良品种，草业也是如此。随着西部大开发战略及农业“三元种植结构”模式的实施，急需一批能够适应不同生境、具有不同特点的牧草种质资源，北方草原大都属于干旱草原区，因此急需大批抗旱能力强的优良牧草品种。由于历史原因，我国牧草育种工作起步较晚，虽然有一批育成品种，但目前在生产上大面积利用的品种为数不多。草原 1 号、草原 2 号苜蓿比一般品种可增收 30%～40%，具有耐寒、耐旱的优良特点；栽培驯化的蒙古冰草耐寒、耐旱；直立型扁蓿豆耐旱、耐牧，具有抗旱、抗风沙的特点；此外，还有其他一些优良牧草地方品种。因管理不善，这些优良牧草品种的种子均较缺乏，品种质量也参差不齐，难以满足生产上大批量用种的需求，近几年只好从国外引进牧草种子。引进国外优良的牧草种质资源固然是好事，但如果盲目引进，不能保证引进材料的生态适应性，会造成很大损失。因此，因地制宜地筛选优良牧草品种，了解牧草品种在不同生境中的适应性是牧草育种及种子生产环节中的关键，也是摆在我们牧草育种工作者面前的主要任务。牧草的适应性是指牧草内在的遗传基因对种植地区生境的反应，同一品种对不同生境有不同的反应，不同品种对同一生境反应也不同。牧草的适应性只能通过引种试验才能确切了解，某种牧草能否在某一地区种植也只有通过引种试验才能下结论。干旱地区种植牧草，必须把牧草引到干旱地区试种，至于引种牧草能否在干旱地区种植，首先要看越冬率，其次看抗逆性（抗旱、抗寒、抗病虫害），再者需依筛选牧草的生产性能而定。

第一节　适应气候变化的高产优质牧草品种筛选与种植示范

针对内蒙古草原区升温幅度大、降水季节与年度变幅较大及干旱与雪灾等极端灾害天气事件增多等气候变化特点，在典型草原区筛选抗逆性强、高产、优质的牧草品种，并进行高产优质牧草品种的高效种植示范。重点是进行乡土牧草品种的栽培、驯化和对比试验，筛选出适宜于内蒙古典型草原区气候、土壤等生境特点的优良牧草品种。

位于锡林浩特市毛登牧场的内蒙古大学草地生态学研究基地建设有自动遮雨棚和定量灌溉试验平台，可开展适应气候变化的优质高产牧草品种筛选工作。

初步选择试验牧草品种 18 个，其来源为，一是典型草原区天然牧草品种，二是典型草原区表现相对成熟和种植相对较多的人工牧草品种，三是干旱区耐干旱牧草品种（由新疆畜牧科学院草业研究所推荐）。具体牧草品种如下：羊草、驼绒藜、糙隐子草、克氏针茅、野苜蓿、紫苜蓿、垂穗披碱草、达乌里胡枝子、冰草、直立黄耆、沙蒿、白花草木犀、新麦草、短花针茅、防风、花苜蓿、燕麦、无芒雀麦 18 个牧草品种。

在每个自动遮雨棚和定量灌溉试验平台内，划分 18 个小区（2.5m×3.0m），随机区组排列种植 18 个牧草品种选择长势良好的 4 种牧草进行长期植物生长品质和土壤养分指标的测定；设置了多年平均状态 CK（降水量 240mm，相当于生长季降水量，每周约 12mm 灌溉量）、+50%（降水量 360mm，相当于生长季降水量

240mm+50%，每周约 18mm 灌溉量）、−50%（降水量 120mm，相当于生长季降水量 240mm−50%，每周约 6mm 灌溉量）三个灌溉处理，以及 NP（无遮雨棚，天然降水）每个处理进行三个重复。除了定量控制灌溉量以外，其他管理措施与研究区人工草地管理基本相同。

不同灌溉梯度对土壤温度有显著的影响。减少灌溉量与增加灌溉量处理土壤温度有显著差异，以 6 月为例，−50%处理土壤温度为 22.74℃；在 9 月，因气温已降低，且灌溉量较少，故不同灌溉处理土壤温度没有显著差异（表 4.1）。

表 4.1　0～10cm 土壤温度月均值（℃）

月份	−50%	CK	+50%	NP
6 月	22.74±0.29a	21.59±0.28b	20.90±0.43b	19.05±0.17c
7 月	21.51±0.24a	20.90±0.35ab	20.29±0.28b	20.77±0.19b
8 月	19.65±0.32a	19.23± 0.22ab	18.16±0.17b	19.69±0.32a
9 月	15.40±0.15a	15.60±0.49a	14.90±0.44a	14.96±0.18a

注：不同小写字母表示不同处理间在同一时间差异显著（P<0.05），下同

不同灌溉量对土壤湿度影响显著。增加灌溉量使得土壤湿度显著增加，减少灌溉量使得土壤湿度降低。（表 4.2）。

表 4.2　0～10cm 土壤湿度月均值（%）

月份	−50%	CK	+50%	NP
6 月	12.56±0.43c	14.12±0.27b	15.69±0.69a	14.37±0.40b
7 月	12.74±0.65c	15.33±0.54b	16.86±0.72a	13.64±0.53c
8 月	12.35±0.32b	12.87±0.62b	16.24±0.41a	11.22±0.27c
9 月	11.13±0.28b	11.33±0.38b	15.11±0.36a	10.85±0.36b

不同灌溉量对不同牧草高度和产量有显著的影响。增加灌溉量使得牧草高度和产量增加，减少灌溉量使得高度和产量均降低。白花草木犀和紫苜蓿的产量高于冰草与垂穗披碱草，达到 2～3 倍。即使在最低水分条件下，紫苜蓿的产量仍要比最高水分条件下冰草和垂穗披碱草的高。在干旱半干旱地区水分波动条件下，豆科牧草可以获得更高的产量（图 4.1）。

不同灌溉量对不同牧草叶面积和比叶面积的影响有差异。白花草木犀和紫苜蓿的叶面积在不同灌溉量下没有显著差异，增加灌溉量与减少灌溉量相比使得冰草叶面积增加，但灌溉量减少使得垂穗披碱草的叶面积增加（图 4.2）。增加灌溉量使得白花草木犀、紫苜蓿和冰草的比叶面积均显著增加，但垂穗披碱草有不同的响应，增加灌溉量使垂穗披碱草的比叶面积显著降低。

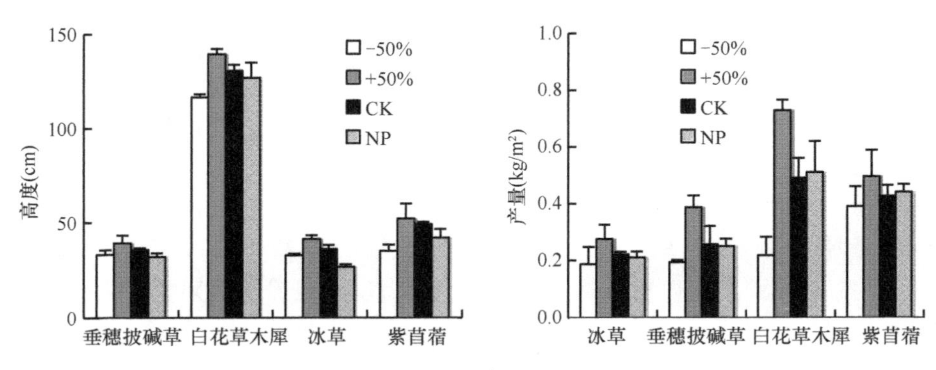

图 4.1　不同灌溉量对 4 种牧草高度和产量的影响

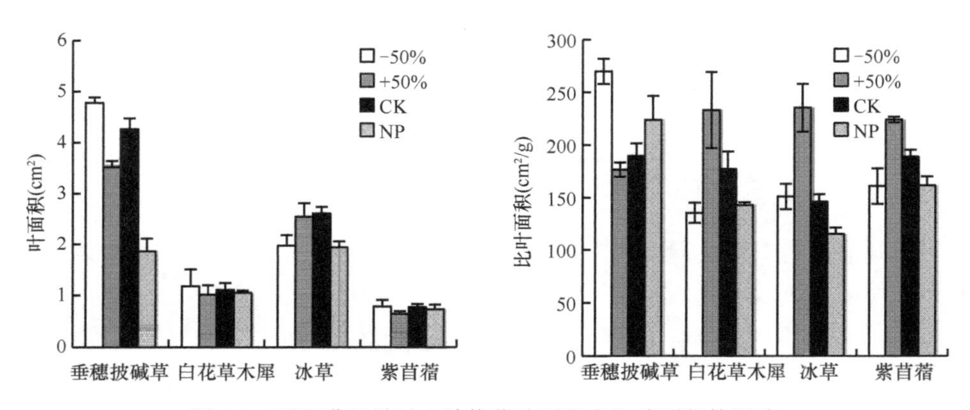

图 4.2　不同灌溉量对 4 种牧草叶面积和比叶面积的影响

不同灌溉量对不同牧草光合速率影响显著。−50%处理的牧草光合速率显著低于其他水分处理。在同种灌溉处理下，紫苜蓿的光合速率最高，且随着灌溉量的增加，豆科牧草的光合速率要高于禾本科牧草的光合速率，这也符合豆科牧草产量优于禾本科牧草的规律（表 4.3）。

表 4.3　不同灌溉量对牧草光合速率的影响[μmol/（m²·s）]

处理	冰草	白花草木犀	垂穗披碱草	紫苜蓿
−50%	7.29±0.0051Bc	6.46±0.0308Db	6.79±0.0073Cb	8.01±0.0359Ad
CK	9.12±0.0297Ba	9.03±0.0210Ba	8.01±0.0274Ca	9.61±0.0139Ac
+50%	8.86±0.1419Cb	9.29±0.1680Ba	8.09±0.0240Da	11.48±0.0354Aa
NP	9.14±0.0164Ca	9.42±0.0068Ba	9.07±0.0051Ca	10.75±0.0564Ab

注：不同大写字母表示同一灌溉量下不同牧草之间差异显著（$P<0.05$）；不同小写字母表示不同灌溉量下同一牧草之间差异显著（$P<0.05$），下同

不同灌溉量对不同牧草的蒸腾速率同样有显著影响，但并没有一致性规律。白花草木犀和紫苜蓿均是在自然状态下蒸腾速率最高；冰草和垂穗披碱草则是最

低灌溉量处理显著高于其他灌溉处理。在同种水分处理下，白花草木犀和紫苜蓿的蒸腾速率显著高于冰草与垂穗披碱草（表 4.4）。

表 4.4 不同灌溉量对牧草蒸腾速率的影响[μmol/（m^2·s）]

处理	冰草	白花草木犀	垂穗披碱草	紫苜蓿
−50%	3.22±0.0025Ca	3.04±0.0054Dc	3.62±0.0054Ba	5.37±0.0059Ab
CK	2.45±0.0005Bc	2.19±0.0276Cd	2.53±0.0058Bc	4.42±0.0088Ac
+50%	2.54±0.0185Dc	3.28±0.1560Bb	2.86±0.0267Cb	3.62±0.012Ad
NP	3.07±0.0034Cb	4.22±0.0021Ba	1.85±0.0026Dd	7.70±0.013Aa

不同灌溉量对土壤氮含量有显著影响。同种牧草，灌溉量越低，土壤中的氮含量越低，灌溉量增加会显著增加土壤中的氮含量。但在同种灌溉条件下，白花草木犀土壤中氮含量最低，这可能是由于白花草木犀产量最高，植物生长会带走土壤中的氮素，因此土壤中氮含量降低（表 4.5）。

表 4.5 不同灌溉量对土壤氮含量的影响（g/kg）

牧草	土壤氮含量（0～70cm）			
	−50%	CK	+50%	NP
紫苜蓿	5.73±0.33Ca	6.17±0.22BCa	7.28±0.28Aa	6.44±0.23Ba
白花草木犀	4.41±0.14Cb	6.10±0.35ABa	6.25±0.15Ab	5.88±0.20Bb
垂穗披碱草	5.41±0.42Ba	6.61±0.28Aa	6.95±0.54Aab	6.90±0.31Aa
冰草	5.09±0.17Ba	6.58±0.54Aa	6.73±0.11Ab	6.35±0.44Aab

不同灌溉量和不同牧草对土壤中的碳含量均没有显著影响。土壤中的碳含量相对较为稳定，不容易受到环境条件改变的影响（表 4.6）。

表 4.6 不同灌溉量和牧草对土壤碳含量的影响（g/kg）

牧草	土壤碳含量（0～70cm）			
	−50%	CK	+50%	NP
紫苜蓿	89.48±6.65Aa	93.68±6.11Aa	97.33±5.17Aa	96.11±5.62Aa
白花草木犀	92.05±7.88Aa	93.77±5.87Aa	94.58±6.33Aa	98.70±4.23Aa
垂穗披碱草	93.45±5.44Aa	102.90±9.12Aa	93.26±4.16Aa	104.71±8.14Aa
冰草	92.36±5.63Aa	104.39±7.36Aa	94.06±5.50Aa	100.31±6.10Aa

不同灌溉量和不同牧草对土壤铵态氮含量有显著影响。+50%处理土壤中铵态氮含量最低，可能原因是水分增加会增加无机氮随水分向深层淋失的量；同时水分增加，牧草产量增加，会吸收土壤中的无机氮。在同种水分条件下，各牧草处理土壤中的铵态氮含量没有显著差异（表 4.7）。

表 4.7　不同灌溉量和牧草对土壤铵态氮的影响（mg/kg）

牧草	土壤铵态氮（0～70cm）			
	−50%	CK	+50%	NP
紫苜蓿	34.08±1.74Aa	26.61 ±1.20Ba	26.36 ±0.95Ba	28.29 ±2.66Ba
白花草木犀	30.53±3.20Aab	26.26 ±2.81Ba	25.00±1.77Ba	24.55 ±1.09Bb
垂穗披碱草	34.18±1.94Aa	24.47 ±1.19Ba	25.79 ±2.08Ba	23.03 ±1.86Bb
冰草	29.16±2.65Ab	26.42±3.20Ba	26.32 ±1.44Ba	23.96±1.33Bb

不同灌溉量和不同牧草对土壤中硝态氮含量有显著影响（表 4.8）。在同种牧草条件下，CK 和+50%处理土壤中硝态氮含量均显著高于另外两个水分处理。在同一灌溉处理下，不同牧草对土壤中的硝态氮含量也有显著影响，种植紫苜蓿的土壤中硝态氮含量显著高于其他牧草。

表 4.8　不同灌溉量和牧草对土壤硝态氮的影响（mg/kg）

牧草	土壤硝态氮（0～70cm）			
	−50%	CK	+50%	NP
紫苜蓿	31.20 ±2.31Ba	40.89 ±2.09Aa	44.88 ±2.66Aa	28.57 ±1.28Ba
白花草木犀	20.29 ±1.40Bb	29.81±1.64Ab	27.15 ±3.68Ab	21.19±2.16Bb
垂穗披碱草	23.83 ±2.65Bb	29.01 ±0.85Ab	30.75 ±2.77Ab	22.90 ±1.49Bb
冰草	23.71±1.77Bb	29.26 ±3.22Ab	31.87±1.69Ab	21.86 ±0.87Bb

不同灌溉量对不同牧草各器官中氮含量的影响并不显著，但豆科牧草各器官中氮含量显著高于禾本科牧草（图 4.3）。另外，不同灌溉量对不同牧草各器官中氮含量比例的影响并不显著。豆科牧草氮含量较高与豆科牧草具有固氮作用有关，并且牧草中的氮含量可以表征牧草的品质，所以豆科牧草的品质更为优良，更能适应不同的水分条件。

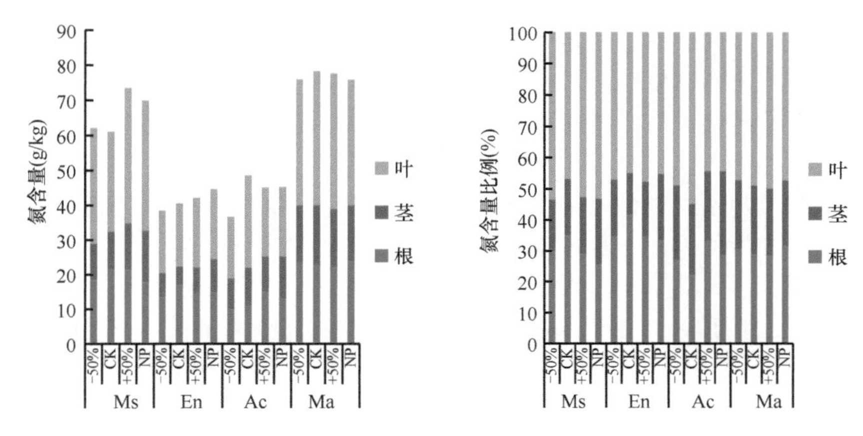

图 4.3　不同灌溉量对不同牧草各器官氮含量和比例的影响

Ms. 紫苜蓿；En. 垂穗披碱草；Ac. 冰草；Ma. 白花草木犀。下同

不同灌溉量对不同牧草各器官中的碳含量和碳含量比例没有显著影响，这与氮含量的结果一致（图 4.4）。

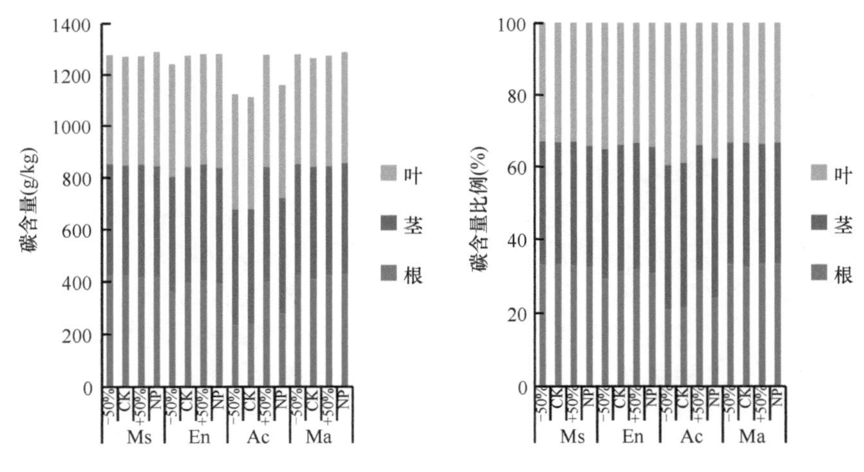

图 4.4　不同灌溉量对不同牧草各器官碳含量和比例的影响

第二节　适应气候变化的高效灌溉技术研发

联合国政府间气候变化专门委员会（IPCC）第一工作组第 5 次评估报告指出，从 1880 年到 2012 年，全球地表平均温度上升 0.85℃；自 1913 年以来，中国地表平均温度上升 0.91℃，最近 60 年气温升高尤为明显，平均每 10 年约上升 0.23℃，几乎是全球的两倍（IPCC，2013）。在全球气候变化的大背景下，加上人为因素的强烈驱动，我国 90%可利用天然草地出现不同程度的退化（邓飞等，2013）。草

地总面积在减少的同时，草地质量也在不断下降，包括不可食草的比例增加、优良牧草的组成比例和生物产量减少、草地等级下降等（付国臣，2009）。很多地区由于草地质量持续下降，草地承载力也不断下降，而草地的载畜量不但没有相应下降，反而增加了。

在天然草地不断退化的情况下，人工草地的建设对不断增长的畜牧业生产起到了重要的支撑作用（王万林等，2011）。人工草地在群落的高度、盖度和生物量等方面一般优于天然草地，因此它在快速恢复水土流失区、严重退化草地、撂荒地和矿业废弃地植被方面具有特别优异的能力。我国的人工草地面积近 $6.67\times10^6hm^2$，如果将人工草地面积扩大至 8.6×10^6～$14.6\times10^6hm^2$，使人工草地的比例从 2%提高到 3.5%，天然草地过度利用的现象将得到明显改善（蒋德明和卜军，2007），会在一定程度上缓解天然草地的生产压力，促进草原牧区的可持续发展。一般而言，一个国家，一个地区，人工草地的面积越大，畜牧业生产水平就越高，对靠天养畜的依赖性就越小（孙启忠和张英俊，2015）。美国人工草地面积约为 $3000\times10^4hm^2$，是天然草地的 10%，然而其产草量与天然草地相当；新西兰人工草地产草量为 10 000～15 000kg/hm^2，面积已达长期牧场的 75%；英国和加拿大的人工草地面积也已达到各自天然牧场的 59%和 27%，我国北方净第一性生产力与草地畜牧业较发达的国家相比，差距主要表现在人工草地上（樊颖，2015）。

世界上的草地作为独立的生态系统大多分布在各大陆内部气候干燥、降水较少的干旱、半干旱地区，水分匮乏成为提高草地生产力的限制因素（孙启忠和张英俊，2015）。在干旱和半干旱地区，灌溉可补充天然降水不足、促进牧草生长和改善草地生态环境，成为提高草地生产力行之有效的措施（戚春华等，2003）。国内外科研和生产实践表明，灌溉可使天然草地产草量增加 0.5～5 倍，可使人工草地增产 3～10 倍。同时，灌溉是施肥、选播优良牧草等改良措施的基础，可以说灌溉是栽培草地建设的核心内容之一（程荣香和张瑞强，2000）。

近几年，国内外很多学者以牧草的田间持水量为指标，研究牧草对水分的最迫切需求时期，得出各类牧草品种的最佳补水时期（张锦华，2000），关于补水时期、补水量对牧草产量影响的研究（Jim，2000），大多采用漫灌的方式（樊颖，2015；陈林等，2009）。这些研究多数针对牧草关键生育期给予一定的灌溉量，或者在固定时间对牧草进行灌溉。本研究根据内蒙古锡林浩特地区的自然条件与生产条件建立人工草地，实时监测人工草地土壤含水量，当土壤含水量低于萎蔫系数时，对人工草地进行喷灌，使土壤含水量始终高于土壤萎蔫系数，研究不同人工牧草生长发育、产量及品质对灌溉的响应，借以筛选在灌溉和不灌溉条件下适合当地的牧草品种，以期为缓解干旱半干旱地区水资源短缺的压力及为人工草地的可持续发展提供基本依据。

在位于锡林浩特市毛登牧场的内蒙古大学草地生态学研究基地，开展适应气候变化的人工草地高效灌溉和建植技术研发。

土壤含水量低于田间持水量（约 25%）的 50%时，开始自动喷灌约 9mm，使土壤有效水始终满足牧草需水量。试验 4 个牧草品种，3 次试验重复，小区面积为 10m×20m，小区间东西向间隔为 3m，南北向间隔为 4m，试验分为高效灌溉（P 处理）和不灌溉（CK 处理）两种水平，分别位于两个大区中；采用 1 个变频水泵从机井中取水灌溉。每个小区设有 1 套灌溉控制系统，含有 1 个智能控制单片机，1 个电动阀门，1 个水表，2 个水分探头和 3 个温度探头。

本研究在内蒙古大学草地生态学研究基地（锡林浩特市毛登牧场）设置敖汉苜蓿（*Medicago sativa* L. cv. Aohan）、肇东苜蓿（*Medicago sativa* L. cv. Zhaodong）、杂花苜蓿（*Medicago ruthenica* L. Trautv.）和垂穗披碱草（*Elymus nutans* Griseb）4 种牧草的灌溉试验，观测灌溉条件下 4 种牧草产草量、高度、比叶面积、叶茎比及分蘖数等的季节动态，分析灌溉对牧草生长发育和水分利用效率的影响；测定不同处理牧草粗纤维、粗蛋白和粗脂肪含量，研究灌溉对牧草品质的影响；从产量、比叶面积、叶茎比、粗纤维、粗蛋白和粗脂肪等角度综合评价牧草品质，分析不同牧草灌溉的经济效益，为当地牧草品种选择和人工草地建设提供科学依据。

一、日平均气温和降水量变化

2015 年，内蒙古锡林浩特市毛登牧场生长季降水量和日平均气温变化如图 4.5 所示。整个生长季降水量为 194.2mm，降水大部分集中在 6 月和 7 月，为生长季降水量的 68.5%。在 8 月和 9 月降水量仅为 27.9mm，只有 8 月 1 日的 10.4mm 降水为有效降水，之后 45 天里的 8 次降水全部是小于 5mm 的无效降水（刘新民，1996）。8 月、9 月的干旱会导致第 2 茬牧草生长迟缓，影响牧草产量。生长季日

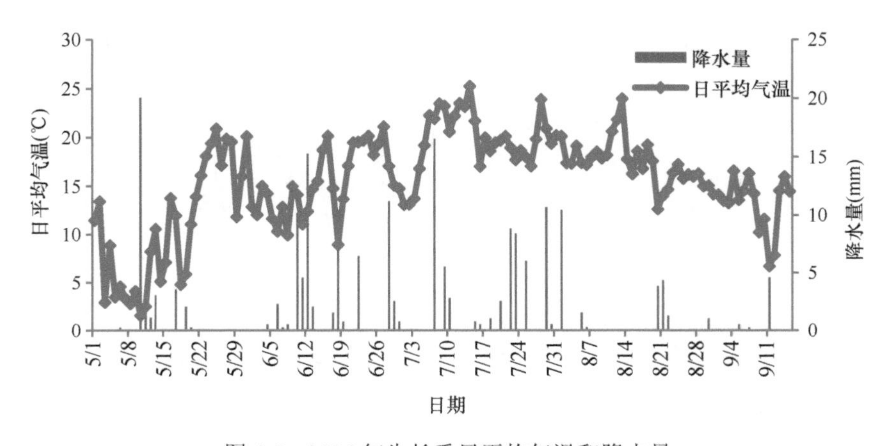

图 4.5　2015 年生长季日平均气温和降水量

平均气温为 15.5℃，在 7 月，日平均气温较高，最高日平均气温出现在 7 月 14 日，为 25.2℃。高温加速土壤水分蒸发和植物蒸腾作用，此时降水量过少，植物容易受到干旱胁迫。

二、灌溉对土壤水分的影响

4 种牧草小区的土壤含水量日动态变化如图 4.6 所示，可以看出 4 种牧草的土壤含水量变化规律基本一致。由于 5 月下旬至 6 月初一直没有自然降水，因此土壤含水量持续下降，至 6 月初下降至 11%左右，但 6 月 10 日的自然降水使土壤含水量升高，之后较多的自然降水使土壤含水量在 6 月中下旬保持在较高水平。进入 7 月，气温较高，牧草处于生长茂盛期，水分损耗很大，虽然 7 月自然降水也较多，但是已经不能满足牧草的生长需要，在 7 月中旬进行灌溉，P 处理的土壤含水量迅速升高，而对照样地则已下降到 10%以下，之后的自然降水使 P 处理的土壤含水量在 7 月中下旬处在较高水平，对照样地土壤含水量也有很大的回升。8 月

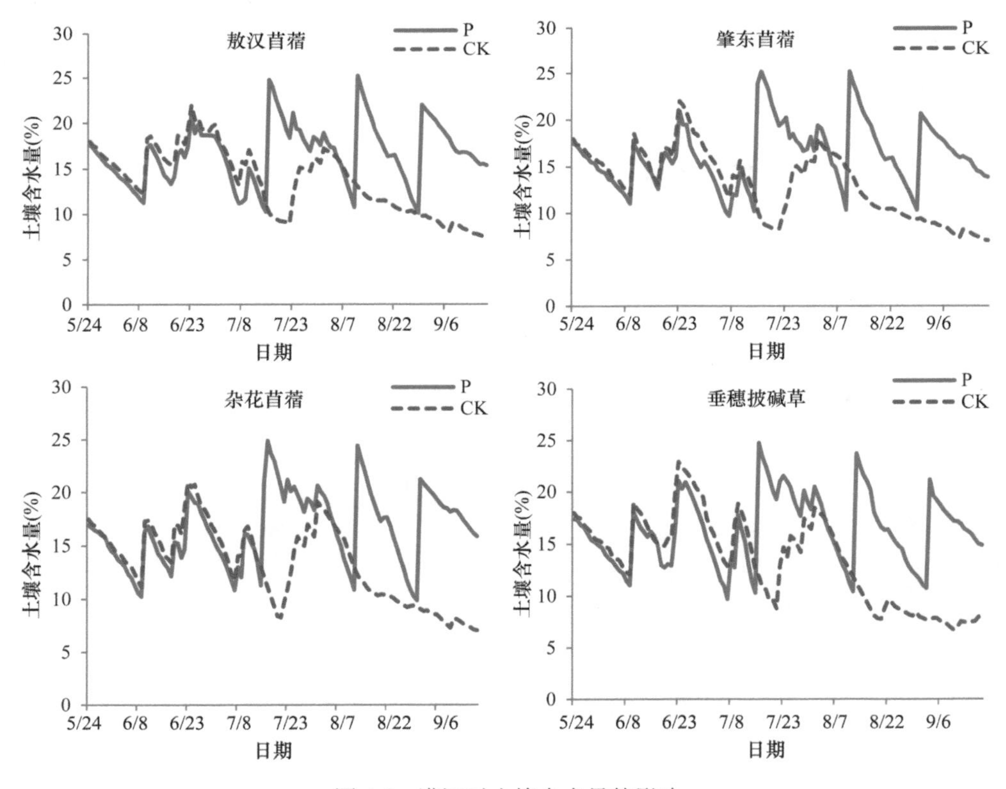

图 4.6　灌溉对土壤含水量的影响

之后，自然降水很少，分别在 8 月月初和月末进行灌溉，使土壤含水量高于萎蔫系数，而对照样地的土壤含水量则持续下降，到生长季末期下降到 7%左右，低于萎蔫系数，此时植株已经不能正常生长。

4 种牧草各月平均土壤含水量不同处理间差异显著性分析如表 4.9 所示。5 月和 6 月，没有进行灌溉，但 P 处理的牧草相比对照样地长势较好，消耗了更多的土壤水分，所以对照样地土壤含水量高于 P 处理，但并没有达到显著水平（$P>0.05$）。7 月虽然降水量较大，但是各种牧草都处在生长最盛时期，蒸腾量较大，再加上天气炎热导致地表蒸发量很大，中旬灌溉一次，7 月 P 处理平均土壤含水量显著高于对照样地（$P<0.05$）。8 月和 9 月只有很少的自然降水，分别在 8 月月初和月末灌溉，两个月两个处理的土壤含水量差异也达到了显著水平（$P<0.05$）。总体而言，4 种牧草灌溉和对照处理的月平均土壤含水量表现出了一致的变化规律，P 处理的月平均土壤含水量基本处在一个平稳的状态，而对照处理的月平均土壤含水量呈下降的趋势。

表 4.9　各牧草不同处理月平均土壤含水量（%）

品种	处理	5 月	6 月	7 月	8 月	9 月
敖汉苜蓿	P	16.2±0.34a	15.80±0.27a	16.71±0.23a	16.83±0.24a	17.64±0.19a
	CK	16.7±0.32a	17.00±0.36a	14.09±0.30b	12.61±0.25b	8.44±0.24b
肇东苜蓿	P	16.2±0.33a	15.20±0.32a	16.45±0.34a	16.56±0.24a	16.45±0.32a
	CK	16.7±0.40a	16.27±0.46a	13.48±0.28b	12.27±0.34b	8.03±0.23b
杂花苜蓿	P	15.7±0.37a	14.90±0.36a	17.19±0.32a	16.54±0.23a	18.50±0.29a
	CK	16.3±0.29a	16.00±0.40a	14.17±0.35b	12.99±0.31b	8.73±0.35b
垂穗披碱草	P	16.5±0.28a	15.66±0.42a	17.36±0.33a	16.37±0.20a	16.64±0.23a
	CK	16.7±0.27a	16.44±0.25a	14.99±0.26b	11.46±0.22b	7.50±0.28b

注：同品种同列不同小写字母表示不同处理间差异显著（$P<0.05$），下同

三、灌溉对植物功能性状的影响

1. 灌溉对株高的影响

灌溉对株高的影响如图 4.7 所示。第 1 茬，苜蓿的快速生长阶段在 6 月中旬到 7 月初，整个生育期的生长动态变化表现为：缓慢生长—快速生长—缓慢生长。垂穗披碱草快速生长阶段在 6 月中旬以前，之后进入缓慢生长阶段。在刈割前，P 处理的肇东苜蓿株高最高，为 50.5cm，垂穗披碱草株高最低，为 37.3cm，4 种牧草株高顺序为：肇东苜蓿＞杂花苜蓿＞敖汉苜蓿＞垂穗披碱草。对照处理株高也表现为肇东苜蓿最高，垂穗披碱草最低，分别为 44.8cm 和 31.3cm，4 种牧草株高顺序为：肇东苜蓿＞敖汉苜蓿＞杂花苜蓿＞垂穗披碱草。P 处理杂花苜蓿的株高

增加幅度最大，达到了 38.5%，肇东苜蓿株高增加幅度最小，为 12.7%。

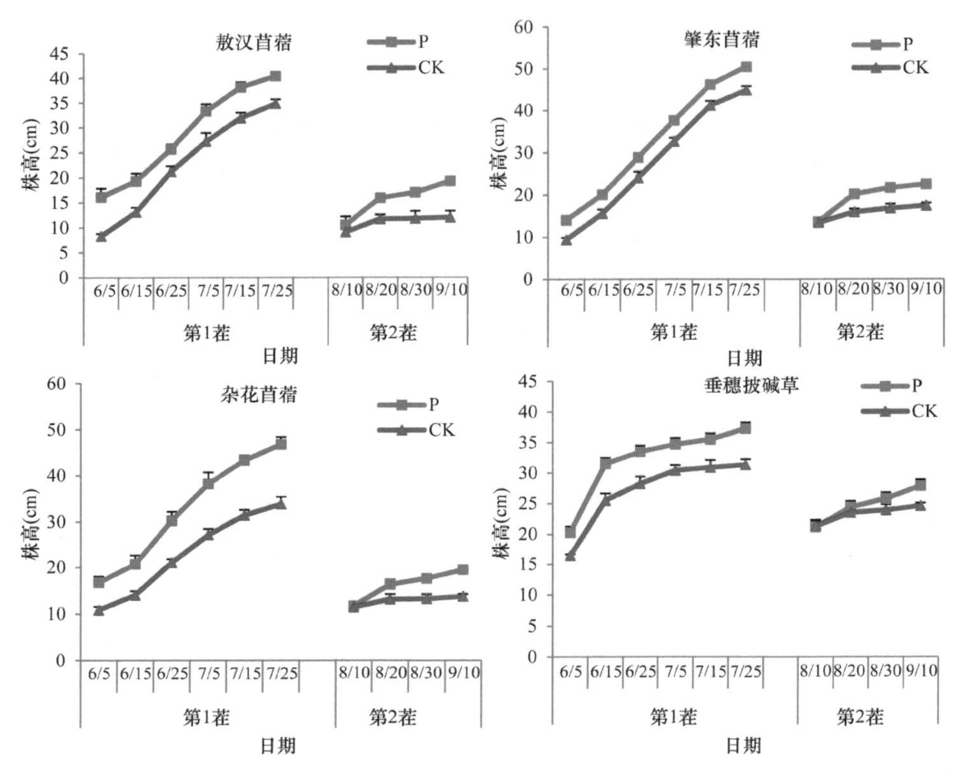

图 4.7 灌溉对牧草株高的影响

第 2 茬，P 处理 4 种牧草从返青期到 8 月 20 日（分枝期）处于快速生长阶段，从 8 月中下旬到 8 月底生长十分缓慢，9 月初灌溉之后株高又有所上升。对照处理 4 种牧草的株高与 P 处理变化趋势相同，但是 8 月 20 日以后株高不再显著升高。两种处理下，刈割前都是垂穗披碱草株高最高，敖汉苜蓿株高最低，分别为 27.9cm、24.6cm 与 19.3cm、12.0cm，灌溉使敖汉苜蓿株高增加幅度最大，达到 58.3%，垂穗披碱草株高增加幅度最小，为 13.4%。

灌溉显著增加了牧草的株高（表 4.10）。第 1 茬，三种苜蓿不同处理的株高在 6 月 5 日（分枝期）就表现出显著性差异（$P<0.05$），在之后的生长阶段株高都是 P 处理显著高于 CK（$P<0.05$）。垂穗披碱草的株高在 7 月 15 日（初花期）及以前两种处理并没有显著性差异（$P>0.05$），7 月 18 日对垂穗披碱草进行了灌溉（P 处理），株高在 7 月 25 日表现出显著性差异（$P<0.05$）。

第 2 茬，三种苜蓿在 8 月 10 日（分枝期）不同处理的株高都没有显著性差异（$P>0.05$），8 月 20 日，除了杂花苜蓿外，敖汉苜蓿和肇东苜蓿的株高都表现出显著性差异($P<0.05$)，杂花苜蓿的株高在 8 月 30 日表现出显著性差异($P<0.05$)。垂穗披碱草的株高在 8 月 30 日及之前两种处理差异都不显著（$P<0.05$），但在 9 月 10 日表现出显著性差异（$P<0.05$）。

表 4.10　不同时期牧草株高（cm）

品种	处理	第 1 茬						第 2 茬			
		6/5	6/15	6/25	7/5	7/15	7/25	8/10	8/20	8/30	9/10
AH	P	16.1a	19.3a	25.7a	33.3a	38.1a	40.4a	10.5a	15.9a	17.0a	19.3a
	CK	8.3b	13.1b	21.2b	27.2b	31.9b	34.8b	9.1a	11.7b	11.8b	12.0b
ZD	P	14.1a	20.1a	28.9a	37.6a	46.2a	50.5a	13.7a	20.2a	21.7a	22.5a
	CK	9.4b	15.6b	24.0b	32.6b	41.2b	44.8b	13.4a	15.9b	16.8b	17.4b
ZH	P	16.7a	20.7a	30.3a	38.2a	43.3a	46.8a	11.7a	16.3a	17.6a	19.5a
	CK	10.8b	14.0b	21.0b	27.2b	31.4b	33.8b	11.4a	13.1a	13.2b	13.7b
CP	P	20.3a	31.5a	33.5a	34.7a	35.5a	37.3a	21.2a	24.4a	25.8a	27.9a
	CK	16.4a	25.5a	28.2a	30.4a	30.9a	31.3b	21.3a	23.5a	23.9a	24.6b

注：AH. 敖汉苜蓿，CP. 垂穗披碱草，ZD. 肇东苜蓿，ZH. 杂花苜蓿，下同

2. 灌溉对比叶面积（SLA）的影响

4 种牧草的比叶面积变化趋势基本一致，灌溉增加了牧草的比叶面积(图 4.8)。第 1 茬，每种牧草的比叶面积在 P 和 CK 下都没有表达出显著性差异（$P>0.05$）。P 与 CK 处理比叶面积大小顺序均为：CP＞ZD＞AH＞ZH。第 2 茬，P 处理 4 种牧草的比叶面积显著高于 CK（$P<0.05$），垂穗披碱草的比叶面积增加幅度最大，为 32.3%，肇东苜蓿的比叶面积增加幅度最小，为 16.3%。P 处理 4 种牧草的比叶面积大小顺序为：ZD＞AH＞ZH＞CP，CK 处理与 P 处理相同。

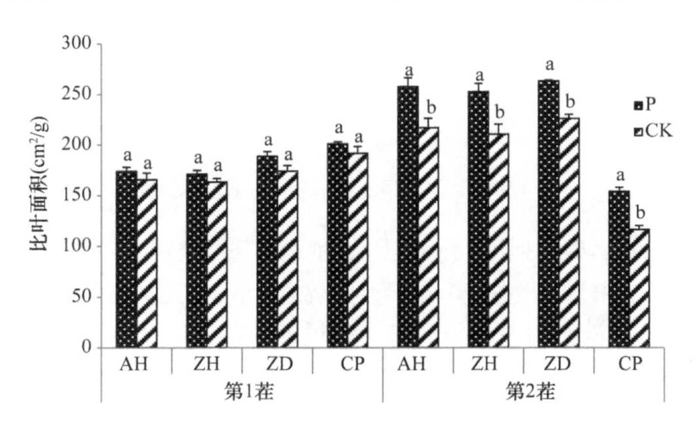

图 4.8　灌溉对牧草比叶面积的影响

不同小写字母表示相同牧草不同处理间差异显著（$P<0.05$），下同

3. 灌溉对叶茎比的影响

第 1 茬 4 种牧草不同时期不同处理的叶茎比变化如图 4.9 所示，三种苜蓿的叶茎比 P 和 CK 处理变化趋势基本一致，都随着生育期进程逐渐降低，P 处理的叶茎比要大于 CK 处理的。垂穗披碱草的叶茎比变化趋势与苜蓿的不同，在 6 月 22 日（抽穗期）和 7 月 9 日（拔节期），P 处理的叶茎比要小于 CK 的，到了 7 月 24 日（开花期），叶茎比大小表现为 P 处理大于 CK。垂穗披碱草的叶茎比 CK 表现为一直下降的趋势，而 P 处理则表现为先降低后升高的趋势。可见，灌溉增大了 4 种牧草的叶茎比。

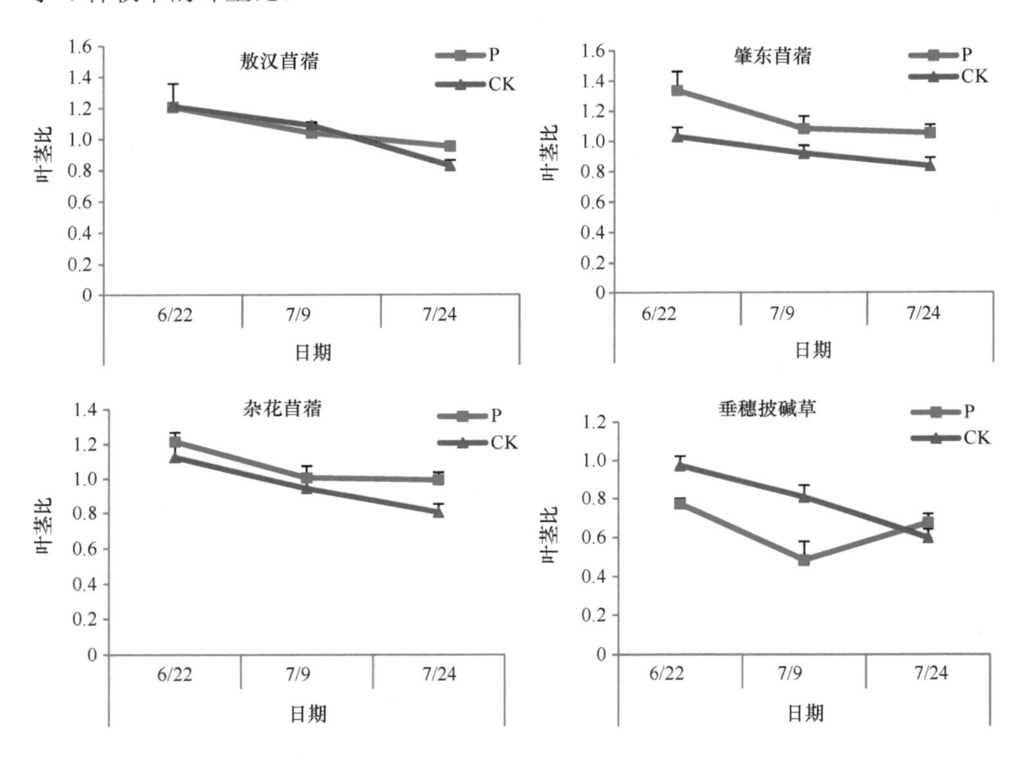

图 4.9 灌溉对第 1 茬牧草叶茎比的影响

第 2 茬 4 个品种不同处理的叶茎比都表现出下降的趋势（图 4.10）。三种苜蓿的叶茎比在 8 月 24 日（分枝期）表现为 P 处理小于 CK，到了 9 月 12 日（现蕾期），两种处理的叶茎比相差很小。而垂穗披碱草的叶茎比在 8 月 24 日（分蘖期）和 9 月 12 日（拔节期）都是 P 处理大于 CK。

4 种牧草不同时期叶茎比差异显著性分析如表 4.11 所示。第 1 茬，三种苜蓿在 6 月 22 日（分枝期）和 7 月 9 日（现蕾期）的叶茎比都没有表现出显著性差

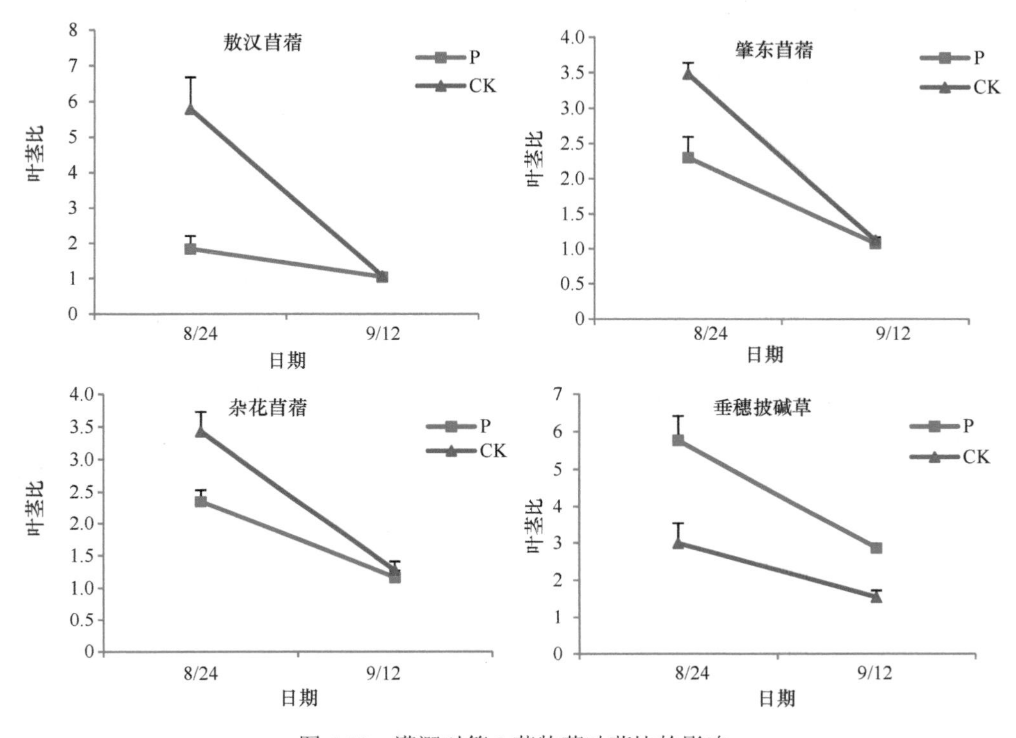

图 4.10　灌溉对第 2 茬牧草叶茎比的影响

表 4.11　各牧草不同时期叶茎比

品种	处理	第 1 茬各时期叶茎比			第 2 茬各时期叶茎比	
		6/22	7/9	7/24	8/24	9/12
敖汉苜蓿	P	1.21a	1.04a	0.95a	1.84b	1.04a
	CK	1.21a	1.09a	0.83b	5.80a	1.07a
肇东苜蓿	P	1.34a	1.08a	1.05a	2.30b	1.08a
	CK	1.03a	0.92a	0.84b	3.48a	1.12a
杂花苜蓿	P	1.21a	1.01a	0.99a	2.35b	1.16a
	CK	1.12a	0.94a	0.80b	3.43a	1.27a
垂穗披碱草	P	0.77a	0.48a	0.67a	5.77a	2.87a
	CK	0.97b	0.81b	0.60a	2.99b	1.55b

异（$P>0.05$），在 7 月 24 日（开花期）三种苜蓿的叶茎比都表现出显著性差异（$P<0.05$）。而垂穗披碱草叶茎比的表现正好与苜蓿的相反，在 6 月 22 日（拔节期）和 7 月 9 日（抽穗期）CK 的叶茎比要显著高于 P 处理的（$P<0.05$），在 7 月 24 日（开花期）P 处理的叶茎比要大于 CK 的，但并没有达到显著水平（$P>0.05$）。叶茎比总体呈现出苜蓿大于垂穗披碱草，在生产力相同时，苜蓿可以获得

更多的叶产量。

第 2 茬，三种苜蓿在 8 月 24 日（分枝期）的叶茎比表现为 CK 显著高于 P 处理（P<0.05），敖汉苜蓿 CK 的叶茎比甚至比 P 处理的高出 215%，到了 9 月 12 日（现蕾期），两种处理的叶茎比没有显著性差异（P>0.05）。垂穗披碱草的叶茎比都是 P 处理显著高于 CK（P<0.05）。

4. 灌溉对分蘖数的影响

灌溉显著增加了 4 种牧草的分蘖数（P<0.05）（图 4.11）。第 1 茬，P 处理垂穗披碱草的分蘖数最大，为 6.17 个/株，三种苜蓿中，杂花苜蓿的分蘖数最大，为 2.76 个/株，肇东苜蓿次之，敖汉苜蓿最小，为 2.29 个/株。CK 处理垂穗披碱草的分蘖数为 3.31 个/株，三种苜蓿中肇东苜蓿分蘖数最大，为 1.76 个/株，敖汉苜蓿次之，杂花苜蓿最小，为 1.35 个/株。灌溉使垂穗披碱草的分蘖数增加幅度最大，达到了 86.4%，敖汉苜蓿的分蘖数增加幅度最小，为 36.3%。

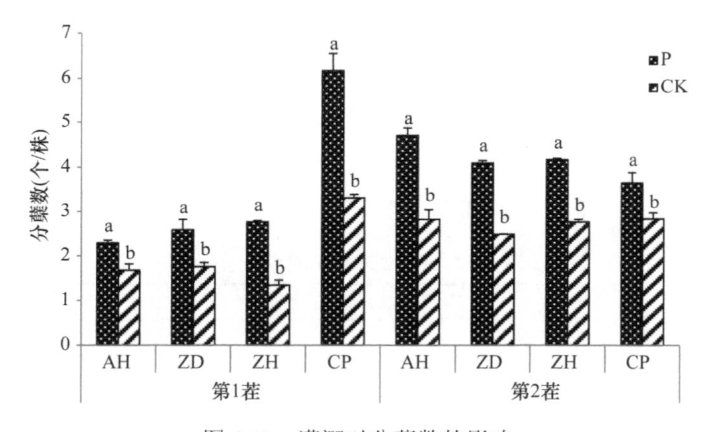

图 4.11 灌溉对分蘖数的影响

第 2 茬，P 处理敖汉苜蓿的分蘖数最大，为 4.7 个/株，杂花苜蓿次之，为 4.16 个/株，肇东苜蓿再次之，为 4.09 个/株，垂穗披碱草的分蘖数最小，为 3.65 个/株。CK 处理 4 种牧草的分蘖数相差不大，垂穗披碱草的最大，为 2.83 个/株，肇东苜蓿的最小，为 2.48 个/株。灌溉使敖汉苜蓿的分蘖数增加幅度最大，为 66.7%，垂穗披碱草的分蘖数增加幅度最小，为 30.0%。

四、灌溉对牧草产量的影响

4 种牧草的产草量如图 4.12 所示。灌溉显著增加了 4 种牧草的产草量（P<0.05）。第 1 茬，P 处理 4 种牧草中，肇东苜蓿产量最高，为 3158kg/hm^2，垂穗披

碱草产量最低，为 2664kg/hm^2。CK 处理也是肇东苜蓿产量最高，垂穗披碱草产量最低，分别为 2221kg/hm^2 和 1474kg/hm^2。灌溉使垂穗披碱草的产量增加幅度最大，为 80.7%，三种苜蓿的产量增加幅度较小，为 40.6%～46.4%。

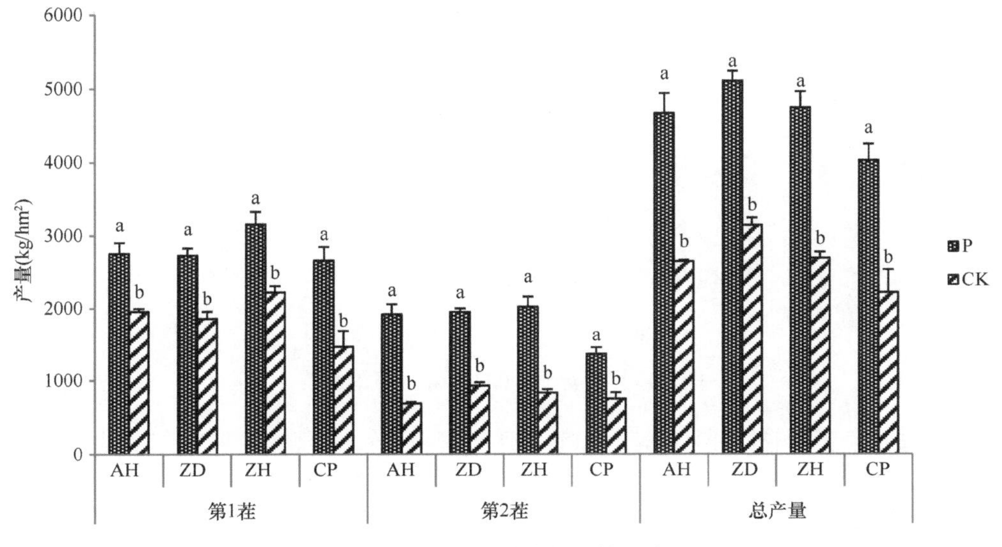

图 4.12　灌溉对牧草产量的影响

第 2 茬，P 处理杂花苜蓿产量最高，为 2021kg/hm^2，垂穗披碱草产量最低，为 1371kg/hm^2。CK 处理是肇东苜蓿产量最高，敖汉苜蓿产量最低，分别为 929kg/hm^2 和 688kg/hm^2。灌溉使敖汉苜蓿的产量增加幅度最大，垂穗披碱草的产量增加幅度最小，分别为 179.1%和 82.8%。

总产量方面，P 处理 4 种牧草产量大小顺序为：ZD＞ZH＞AH＞CP，分别为 5111kg/hm^2、4752kg/hm^2、4676kg/hm^2 和 4034kg/hm^2。CK 处理的产量大小与 P 处理表现一致，ZD、ZH、AH 和 CP 分别为 3150kg/hm^2、2698kg/hm^2、2648kg/hm^2 和 2223kg/hm^2。灌溉使垂穗披碱草的产量增加幅度最大，为 81.5%，肇东苜蓿的产量增加幅度最小，为 62.3%。

五、灌溉对牧草品质的影响

1. 灌溉对粗纤维含量的影响

4 种牧草粗纤维含量变化如图 4.13 所示。第 1 茬，三种苜蓿的粗纤维含量都是 P 处理小于 CK，敖汉苜蓿的粗纤维含量没有表现出显著性差异（P＞0.05），肇东苜蓿和杂花苜蓿表现出显著性差异（P＜0.05），而灌溉使垂穗披碱草的粗纤维含量显著增加（$P<0.05$）。P 处理 4 种牧草的粗纤维含量大小顺序为：CP＞ZD＞AH＞ZH，CK 处理 4 种牧草粗纤维含量大小顺序与 P 处理相同。灌溉使杂花苜蓿的粗纤维含量降低幅度最大，为 10.1%，敖汉苜蓿的粗纤维含量降低幅度最小，为 4.1%，垂穗披碱草的粗纤维含量增加了 7.5%。

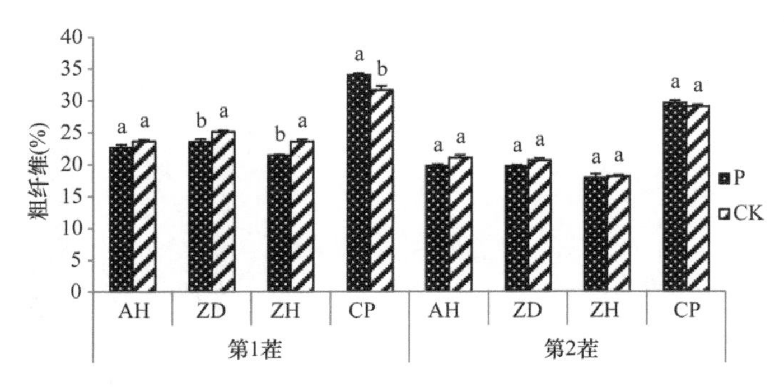

图 4.13　灌溉对牧草粗纤维含量的影响

第 2 茬，粗纤维的含量表现出和第 1 茬相同的变化规律，但差异都没有达到显著水平（$P>0.05$）。P 和 CK 处理 4 种牧草的粗纤维含量大小顺序一致，为 CP＞AH＞ZD＞ZH。灌溉使敖汉苜蓿降低幅度最大，为 6.1%，肇东苜蓿和杂花苜蓿分别降低 4.4%和 1.4%，垂穗披碱草升高 2.0%。

2. 灌溉对粗蛋白含量的影响

灌溉使 4 种牧草的粗蛋白含量都有所增加（图 4.14）。第 1 茬，两处理敖汉苜蓿和垂穗披碱草粗蛋白含量没有表现出显著性差异（$P>0.05$），而肇东苜蓿和杂花苜蓿的粗蛋白含量表现出显著性差异（$P<0.05$）。P 处理 4 种牧草的粗蛋白含量大小顺序为 ZH＞AH＞ZD＞CP，CK 处理为 AH＞ZD＞ZH＞CP。灌溉使杂花

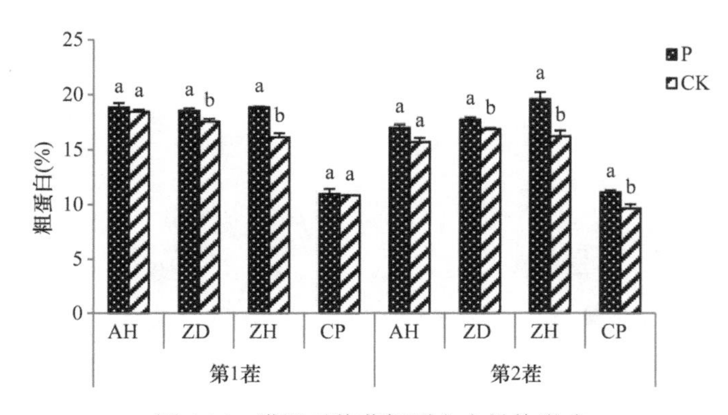

图 4.14　灌溉对牧草粗蛋白含量的影响

苜蓿的粗蛋白含量增加幅度最大，为 16.8%，垂穗披碱草的粗蛋白含量增加幅度最小，为 1.3%。

第 2 茬，两处理敖汉苜蓿粗蛋白含量未表现出显著性差异（$P>0.05$），其余三种牧草粗蛋白含量均表现出显著性差异（$P<0.05$）。4 种牧草的粗蛋白含量大小顺序表现为：P 处理 ZH＞ZD＞AH＞CP，CK 处理 ZD＞ZH＞AH＞CP。灌溉使杂花苜蓿的粗蛋白含量增加幅度最大，为 20.7%，肇东苜蓿的粗蛋白含量增加幅度最小，为 5.1%。

3. 灌溉对粗脂肪含量的影响

灌溉降低了 4 种牧草的粗脂肪含量（图 4.15）。但是两茬牧草的粗脂肪含量在 P 处理和 CK 处理之间都未表现出显著性差异（$P>0.05$），可见，灌溉对 4 种牧草的粗脂肪含量影响较小。

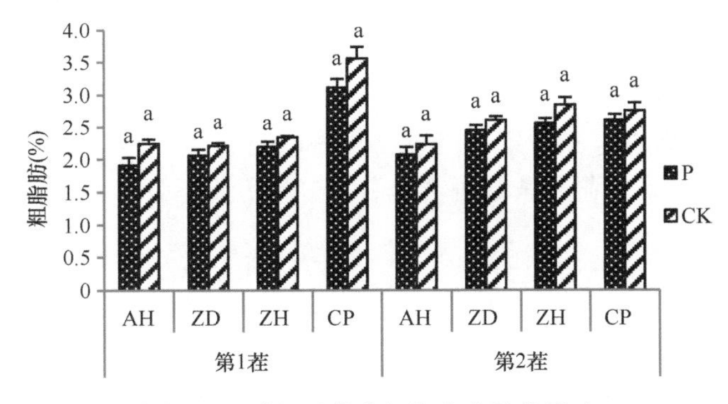

图 4.15　灌溉对牧草粗脂肪含量的影响

第 1 茬，4 种牧草粗脂肪含量大小顺序为：P 处理 CP＞ZH＞ZD＞AH，CK 处理 CP＞ZH＞AH＞ZD。灌溉使敖汉苜蓿的粗脂肪含量降低幅度最多，为 14.7%，杂花苜蓿的粗脂肪含量降低幅度最小，为 6.5%。第 2 茬，4 种牧草粗脂肪含量大小顺序为：P 处理 CP＞ZH＞ZD＞AH，CK 处理 ZH＞CP＞ZD＞AH。灌溉使杂花苜蓿的粗脂肪含量降低幅度最多，为 10.2%，垂穗披碱草的粗脂肪含量降低幅度最少，为 5.4%。

综合粗纤维、粗蛋白和粗脂肪三个指标，杂花苜蓿品质最高。

六、不同人工牧草综合评价

选择产量、比叶面积、叶茎比和粗纤维、粗蛋白、粗脂肪 6 个指标作为牧草筛选依据。计算各个指标所占权重，每种牧草每茬计算一组权重值，取平均值。将各指标标准化处理。权重系数反映在评价过程中该项指标作用的大小，本研究中将无统一量纲的数字进行标准化处理，能够更加清楚地反映评价结果。各项指标中，产量权重系数最大（0.43），说明在本研究中，其更能够影响评价结果。所得结果如表 4.12 所示。

表 4.12　灌溉条件下三种苜蓿综合评价结果

	品种	产量	比叶面积	叶茎比	粗纤维	粗蛋白	粗脂肪	综合得分
		0.43	0.11	0.18	0.08	0.14	0.06	
第 1 茬	AH	0.42	0.10	0.19	0.09	0.16	0.05	1.01
	ZD	0.48	0.11	0.21	0.09	0.15	0.05	1.09
	ZH	0.42	0.10	0.19	0.09	0.16	0.06	1.02
第 2 茬	AH	0.45	0.12	0.12	0.09	0.15	0.05	0.98
	ZD	0.46	0.12	0.13	0.09	0.15	0.06	1.01
	ZH	0.48	0.12	0.14	0.10	0.17	0.06	1.07

第 1 茬，综合得分高低顺序为：ZD＞ZH＞AH。第 2 茬，综合得分高低顺序为：ZH＞ZD＞AH。

综合两茬牧草的得分结果，可以得出三种苜蓿的总得分高低顺序为：ZD＞ZH＞AH，而且肇东苜蓿和杂花苜蓿得分十分接近。

七、不同牧草灌溉增产效益分析

通过灌溉，敖汉苜蓿、肇东苜蓿、杂花苜蓿和垂穗披碱草产量分别增加 2028kg/hm^2、1961kg/hm^2、2054kg/hm^2 和 1811kg/hm^2，杂花苜蓿产量增加最多，垂穗披碱草产量增加最少。苜蓿市价按 2400～3200 元/t 计算，垂穗披碱草按 1000～1500 元/t 计算。灌溉系统包括：直径 2cm 的细水管，1 寸喷灌带，2 寸水管和水管开关等零配件。每公顷的灌溉系统成本和灌溉增产效益如表 4.13 所示。

表 4.13　不同牧草灌溉增产效益分析

品种	产量增量（kg/hm^2）	牧草市价（元/t）	毛收入（元/hm^2）	灌溉成本（元/hm^2）	增产效益（元/hm^2）
敖汉苜蓿	2028	2400～3200	4867～6490	喷灌带 400 元，2 寸水管 600 元，细水管 75 元，零配件 300 元，电费 225 元，共 1600 元	3276～4890
肇东苜蓿	1961	2400～3200	4706～6275		3106～4675
杂花苜蓿	2054	2400～3200	4930～6573		3330～4973
垂穗披碱草	1811	1000～1500	1811～2717		211～1117

可见，对 4 种牧草灌溉，杂花苜蓿的增产效益最高，为 3330～4973 元/hm^2，敖汉苜蓿次之，肇东苜蓿再次之，三种苜蓿的增产效益相差较小。虽然垂穗披碱草产量增幅最大（表 4.13），但是产量增加量最小，再加上垂穗披碱草市价较低，

灌溉垂穗披碱草的增产效益较小。灌溉系统中，2 寸水管埋于地下可使用 10 年以上，细水管可使用 5 年以上，喷灌带可使用 3 年，所以在第二年和第三年只有电费投入，灌溉的增产效益相比第一年会更大。

第三节　人工草地建植和施肥管理技术研发

种植优质牧草是畜牧业发展和改善草原生态环境的基础与保证，在干旱地区探究优良牧草的高效种植迫在眉睫。多年生禾本科牧草在畜牧业发展中作用重大，其产草量和种子产量及牧草品质关系到整个畜牧业的快速、健康发展。然而大多数多年生禾本科牧草面临产草量低且品质不高、种子产量低等问题，制约着畜牧业的发展。近年来，我国有关牧草施肥研究主要在不同肥料种类、施肥时期与肥效等方面，其中氮肥对牧草产量影响的报道居多。程积民等（1997）的草地施肥试验结果表明，施肥促进了牧草生长，提高了单位面积的生物产量。德科加等（2010）研究发现施肥可使牧草产量明显提高，且不同施肥量和不同施肥时期处理的牧草产量差异显著。王育青（1986）在锡林郭勒干草原进行氮磷肥试验指出禾草对氮肥反应敏感，施氮当年效果明显，能够使牧草的绿色时期延长。但关于施用不同形式肥料如何影响人工羊草地生产力的研究尚不完善，制约着草地的建设工作。因此通过施用有机肥、尿素，观测不同肥料种类对牧草产量及功能属性的影响，探索对人工草地建植更为有利的肥料类型，探索人工草地高产高效技术。

在处于多伦县的人工草地及放牧研究基地，开展人工草地施肥类型和建植技术研发。

试验牧草品种为研究区广泛种植并获得好评的品种——冰草，设置施有机肥（F，牛粪晒干后磨碎，与施用尿素处理同期）、氮肥（N，生长季开始前降水后立即均匀施肥）、对照样地（CK，不施肥）三个处理，每个处理设置三个重复，共 9 个冰草种植小区。每个小区面积为 10m×20m，小区间东西向间隔为 3m，南北向间隔为 4m。试验小区观测指标包括牧草产量与高度指标、牧草功能属性指标、土壤碳氮指标等，其观测方法、仪器设备及观测时间与优质牧草品种筛选基本相同。

施用有机肥和氮肥对牧草的高度与产量影响显著，且施用氮肥的牧草产量最高，与施用有机肥差异显著，说明施用氮肥可以更好地促进牧草生长；且在人工草地建植的短时间内，施用氮肥对产量的影响更为显著，施用氮肥可以更快地提高牧草的产量（图 4.16）。

施用有机肥及氮肥对牧草叶茎比和干物质含量均有不利影响（图 4.17）。施用肥料使得牧草叶茎比下降，即牧草叶比例减少；施用氮肥使得牧草干物质含量降低，但施用有机肥和氮肥均使牧草的产量显著增加，因此，即使施用肥料使得牧草的叶茎比和干物质含量下降，但由于产量增加，总体上施用肥料仍对牧草有有利影响。

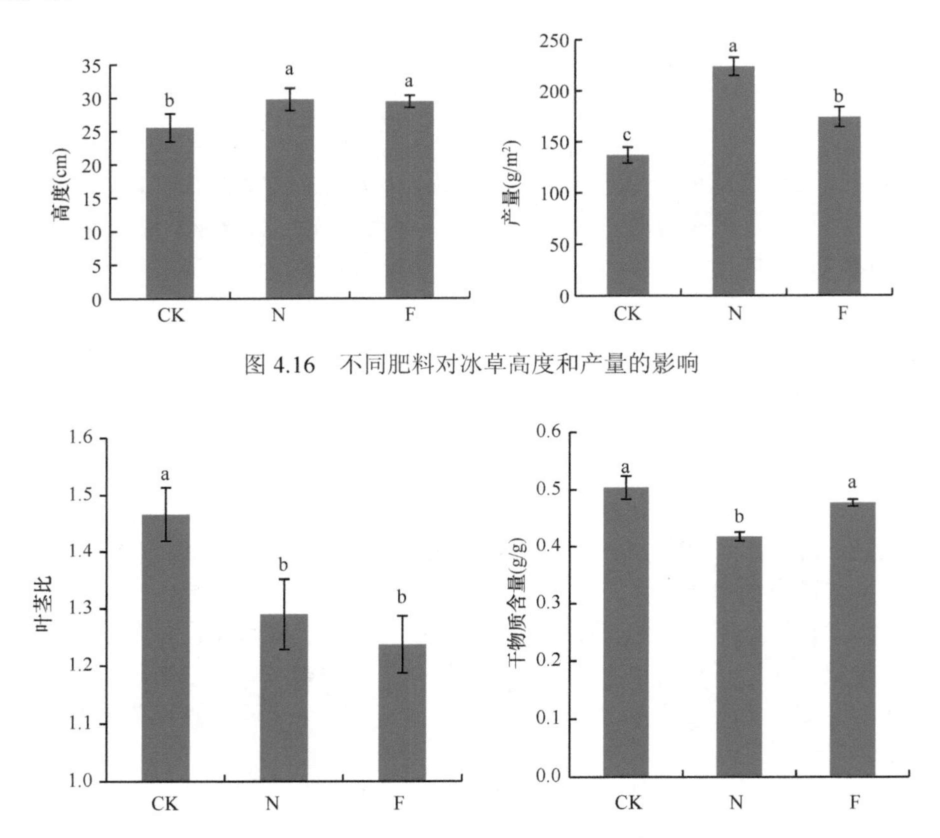

图 4.16　不同肥料对冰草高度和产量的影响

图 4.17　不同肥料对冰草叶茎比和干物质含量的影响

施肥使得牧草叶面积和比叶面积均增大。施用氮肥使得冰草叶面积显著增加，但施用有机肥对冰草叶面积的增加效果并不显著；施用氮肥和有机肥均显著增加了冰草的比叶面积。因此，施用肥料对牧草叶面积和比叶面积有有利影响（图 4.18）。

施肥对土壤氮含量影响显著，而施用氮肥相比施用有机肥，可以更快地提高土壤中氮含量，更快速地作用于牧草生长，对牧草影响显著。施用不同肥料对土壤中的碳含量没有显著影响（表 4.14）。

短期内，施用氮肥最有利于牧草的生长及土壤中营养元素的增加，但应该在降水后施用。施用有机肥效果不如施用氮肥显著，应增加试验检测时间，观测长时间施用不同肥料对土壤性质和牧草生长的影响及对植物-土壤系统的影响。

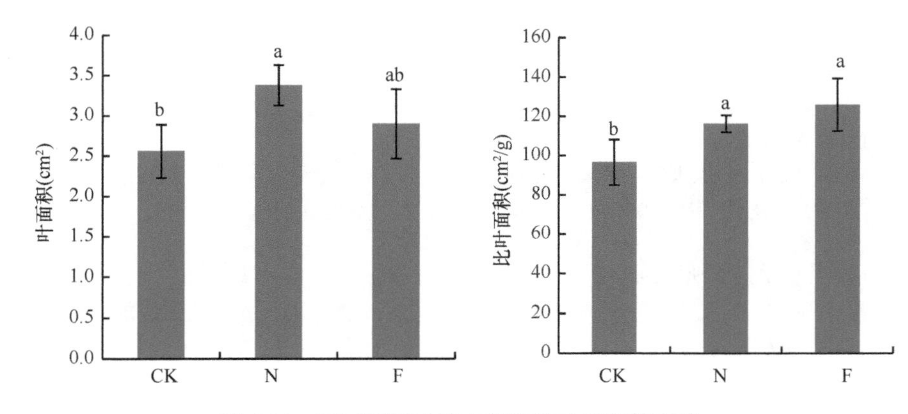

图 4.18　不同肥料对叶面积和比叶面积的影响

表 4.14　不同肥料对土壤碳含量和氮含量的影响

指标	土层	CK	F	N
C 含量（%）	0~10cm	1.65±0.08a	1.64±0.05a	1.60±0.09a
	10~20cm	1.58±0.11a	1.62±0.12a	1.61±0.15a
	20~30cm	1.44±0.07a	1.52±0.13a	1.47±0.17a
N 含量（g/kg）	0~10cm	2.03±0.12c	2.55±0.10b	3.13±0.19a
	10~20cm	2.07±0.18c	2.32±0.08b	3.02±0.14a
	20~30cm	1.89±0.06c	2.01±0.05b	2.87±0.08a

注：不同字母表示不同处理间在同一土层差异显著（$P<0.05$）

参 考 文 献

陈林, 王磊, 宋乃平, 等. 2009. 灌溉量和灌溉次数对紫花苜蓿耗水特性和生物量的影响. 水土保持学报, 4: 91-95.

陈宜瑜, 丁永建, 佘之祥. 2005. 中国气候与环境演变评估(Ⅱ): 气候与环境变化的影响与适应、减缓对策. 气候变化研究进展, 1(2): 51-57.

程积民, 贾恒义, 彭祥林. 1997. 施肥草地群落生物量结构的研究. 草业学报, 6(2): 22-27.

程荣香, 张瑞强. 2000. 发展节水灌溉是我国干旱半干旱草原区人工草地建设的必然举措. 草业科学, 2: 53-56.

德科加, 周青平, 徐成体, 等. 2010. 施肥对青海省山地草原类草场地上生物量的影响. 中国土壤与肥料, (3): 38-41.

邓飞, 李晓兵, 王宏, 等. 2013. 内蒙古锡林郭勒盟人工草地发展现状及制约因素. 草原与草坪, 6: 14-18.

樊颖. 2015. 内蒙古典型草原区人工草地牧草补水关键期的研究. 呼和浩特: 内蒙古大学硕士学位论文.

付国臣, 杨韫, 宋振宏. 2009. 我国草地现状及其退化的主要原因. 内蒙古环境科学, 4: 32-35.

傅伯杰, 牛栋, 赵士洞. 2005. 全球变化与陆地生态系统研究: 回顾与展望. 地球科学进展, 20(5): 556-560.
葛全胜, 陈泮勤, 方修琦, 等. 2004. 全球变化的区域适应研究: 挑战与研究对策. 地球科学进展, 19(4): 516-524.
蒋德明, 卜军. 1997. 沙地人工植物群落生物量动态及其更新途径. 中国沙漠, 17(2): 189-193.
李克让, 曹明奎, 於琍, 等. 2005. 中国自然生态系统对气候变化的脆弱性评估. 地理研究, 24(5): 653-663.
刘新民. 1996. 科尔沁沙地风沙环境与植被. 北京: 科学出版社.
戚春华, 王乃康, 茅也冰. 2003. 干旱半干旱地区人工牧草节水灌溉技术研究进展. 林业机械与木工设备, 9: 6-8.
孙启忠, 张英俊. 2015. 中国栽培草地. 北京: 科学出版社.
王万林, 王建华, 阿不都卡哈尔, 等. 2011. 高寒地区人工草地建植技术与效益初步分析. 草食家畜, 4: 58-61.
王育青. 1986. 锡林郭勒干草原施氮磷肥试验. 中国草地学报, 5: 21-23.
张锦华, 李青丰, 李显利. 2000. 旱作老芒麦种子产量构成因子的研究. 中国草地, 6: 35-38.
IPCC. 2013. IPCC WGI Fifth Assessment Report. Climate Change 2013: the Physical Science Basis. Copenhagen: Intergovernmental Panel on Climate Change.
Jim B. 2000. Alfalfa seed production. Not easy except by accident. MSU Extension Soil and Water Quality Specialist, 4: 10-12.

第五章　适应气候变化的退化草地治理及草地改良

第一节　退化草地治理及草地改良研究进展

世界草原总面积约为 2.4×10^9hm^2，占陆地总面积的 1/6（杨持，2008）。我国拥有各类天然草原近 4×10^8hm^2，约占我国国土面积的 41.7%，是我国面积最大的陆地生态系统（廖国藩和贾幼陵，1996）。内蒙古全区共有天然草原面积 7881×10^4hm^2，可利用草原面积为 6359×10^4hm^2，分别占自治区土地面积的 66.6%和 53.8%，内蒙古可利用草原面积占我国天然草地可利用面积的 1/5（孟淑红和图雅，2006）。内蒙古草原发挥着重要的畜牧生产和包括防风固沙、涵养水源、调节气候、美化环境、净化空气在内的关键的生态环保功能。然而，由于人类长期不合理地利用，草原出现大面积的退化。

由于人类不合理利用和过度开发，特别是盲目的农业开垦和草场过载放牧，全国草原出现大范围严重的退化，内蒙古草原也同样面临着严峻的退化现状。例如，内蒙古科尔沁草原退化面积达 50%左右，每年以 3.7%的速度退化；内蒙古呼伦贝尔草原退化面积从 20 世纪 60 年代占草原面积的 15%增加到 80 年代的 49%；锡林郭勒盟可利用草场面积 2.67×10^8 亩，截至 2005 年，草原累计退化面积占可利用草场的 74%（王皓田，2011）。

典型草原占内蒙古天然草地总面积的 1/3，但不合理的人为活动已使该区 50%左右的草原处于不同程度的退化之中（李博，1997），这直接导致生物多样性减少和生产力严重损失（汪诗平等，2011）。本实验所研究的羊草（*Leymus chinensis*）草原是广泛分布于欧亚温带草原区东缘的一种草地类型，总面积约为 4.2×10^5km^2，其中一半分布在我国。

为了探寻改良退化草原的有效途径和方法，人们做了很大的努力并设计使用了多种方法，如围栏封育（自然恢复）、农业措施（包括松土、轻耙、浅耕翻、补播等）和建立人工草地等（宝音陶格涛和刘美玲，2003）。

一、围栏封育

围栏封育（围封）是通过建立网围栏的方法去除人类对草原的放牧和割草干扰，使退化草原实现自然恢复的方法。由于其投资少、易操作，现已成为当前退化草地恢复与重建的重要措施之一（陈全功，2007；张苏琼和阎万贵，2006）。

（一）围封对群落生产力和群落演替的影响

围封能使草地得以休养生息，促进幼苗的萌发和生长，从而在围封前期能显著提高草地群落地上生物量（闫玉春等，2009）。但退化草地产量难以为继，闫玉春和唐海萍（2007）的研究结果表明，围封第 2 年和 26 年群落的地上现存生物量都显著低于围封 7 年的样地。此外，康博文等（2006）、闫志坚和孙红（2005）的研究结果也表明围封一定年限后草原群落生物量反而会降低。这是因为过长时间的围封所积累的枯草会抑制植物幼苗的生长，不利于草地的繁殖更新；此外，过长时间的围封还会造成土壤呼吸受阻，微生物代谢降低，物质循环和能量流动放慢。刘钟龄等（2002）根据优势种的更替将退化羊草草原 12 年恢复演替进程划分为 4 个阶段：①冷蒿优势阶段（退化群落变型）；②冷蒿+冰草阶段；③冰草优势阶段；④羊草优势阶段。

（二）围封对土壤的影响

较多研究发现围封对退化草地土壤具有显著的恢复作用，容易对侵蚀的沙地、坡地等土壤起作用（刘钟龄等，2002）。苏永忠和赵哈林（2003）在科尔沁沙化草地的围封实验表明，10 年的围封明显增加了地表植被盖度，从而抑制了土壤侵蚀。单贵莲等（2009）的研究表明：重度退化草地采用生长季围封恢复措施后，土壤有机质、全 N、全 P、速效 N 等养分含量增加，容重、紧实度及＞0.25mm 粗颗粒含量降低，土壤结构与环境明显改善。

二、农业机械改良

土壤是牧草生长的物质基础，长期过度利用会造成草地土壤板结、孔隙度降低、透水性变差。农业机械改良措施（浅耕翻、耙地）能有效降低表层土壤容重，增大孔隙度，促进微生物的分解代谢和植物根系的呼吸作用及根茎型禾草的无性繁殖，从而加速退化群落的恢复演替。

浅耕翻改良：浅耕翻改良是利用三铧犁或双铧犁先翻耕草地，深度控制在 15～20cm 的一种改良方法（宝音贺希格等，2011）。闫志坚和孙红（2005）关于大针茅+羊草退化草原的改良技术研究表明，浅耕翻能抑制丛生禾草的生长，促进根茎禾草的生长，浅耕翻后第 3 年羊草的比例由 39%上升到 55.9%，地上生物量大针茅由 318.40kg/hm^2 减少到 76.24kg/hm^2，羊草则由 265.23kg/hm^2 增加到 787.59kg/hm^2，增加了 197%。宝音陶格涛（2009）的研究表明，浅耕翻后土壤容重比天然放牧场降低 22.30%，含水量提高 93.71%，真菌数量提高 53.06%，放线菌数量提高 41.72%。但应指出的是，浅耕翻改良在进行的初期易造成土壤的沙化和表层土壤有机碳的释放，因此选择该种改良措施时应选择风力小的地区，而且要做好相应的保护措施。此外，耙地处理的主要作用在于切断羊草老的根茎，加速新茎的分蘖，因此主要适用地为典型草原区的退化羊草草原。

轻耙、松土改良：轻耙、松土与浅耕翻相比，不翻垡草原土壤，地表植被破坏率小于30%，减少了草原沙化的可能（张文军等，2012）。宝音陶格涛和刘美玲（2003）的研究表明：轻耙处理能在前期显著提高群落地上生物量，且由于以羊草为代表的根茎型禾草的迅速恢复，在退化群落的恢复过程中，整个群落的均匀度指数随演替过程呈现波动下降的趋势，多样性指数也呈现波动下降的趋势。保平（1998）在内蒙古锡林郭勒草原的研究也指出，松土改良后土壤有机质增加4.2%，氮、磷、钾分别增加21.44%、7.85%、8.31%，鲜草产量由原来的3900kg/hm^{2}增加到5684.7kg/hm^2，增产46%。

多位草地专家在长期的草地改良实验研究中，总结出了一套实用的经验，对于中度退化的草地，尤其是在以根茎型禾草为草地主要群落的情况下，采用轻耙、浅耕翻、松土等改良措施后，能改善植物群落的结构、种类组成，提高草群密度和植被高度（宝音贺希格等，2011）。

三、施肥

退化草地往往呈现土壤肥力的缺乏，特别是氮肥。人为施肥能显著提高草地肥力，加速牧草恢复生长，从而促进退化草原的恢复演替。

李本银等（2004）在内蒙古退化草地的研究表明：连续2年各施包膜肥和控释肥（均含N 25%，P_2O_5 15%）105kg N/hm^{2}后，牧草种类增多，同时种群结构得到改善，劣质草冷蒿由66%降低到20%～45%，而优质牧草羊草由0上升到4%～6%。白永飞等（2014）的研究表明：氮素对羊草种群具有显著的调节效应，随着氮素梯度的增加，羊草种群密度、种群高度、地上生物量、地下生物量、总生物量均显著增加，羊草种群地下生物量与地上生物量比值逐渐降低。此外，潘庆民等（2005）研究表明，内蒙古典型草原群落净初级生产力受N、P元素共同限制，作为建群种的羊草，其对N、P添加的响应因组织水平不同而异，也受年际间降水变化的影响。

四、灌溉

水分是干旱半干旱植物生长的主要限制性因素，适时适量的人为灌溉能够显著促进植物的生长，提高产量并能改善群落组成。

高天明等（2011）在内蒙古草原的研究表明：灌溉可以显著提高草地植被的生产性能，但对群落结构无显著影响。李建东等（1997）在松嫩平原的研究也表明：在干旱的春季和夏初灌水能显著提高牧草产量，当灌水量为6000m^3/hm^{2}时，牧草可增产一倍。乌恩旗等（2011）在呼伦贝尔草原研究表明：施肥+灌水处理，以施尿素112.5kg/hm^{2}效果最好，是对照区产草量的309%；而施肥未灌水区，以施尿素187.5kg/hm^{2}效果最好，是对照区产草量的303%；灌溉区比未灌溉区节约化肥45kg/hm^2。

不同的研究汇总表明：灌溉能显著提高群落产量，但对群落结构无显著改善效果；灌溉与施肥特别是氮肥结合使用的效果显著高于单独灌溉或施肥。

五、补播

补播改良主要指在退化草地或盐碱化草地上补种合适的豆科或禾本科优良牧草，能增加草地植被盖度和提高生产力，增加草地生态系统的多样性与稳定性（Hofmann and Isselstein，2004）。

苏日娜等（2005）的研究表明：草地深松补播改良效果较明显，当年增产14.69%，第2年增产44.04%，第3年增产71.14%。王殿才等（2009）通过松土补播羊草改良重度退化草场后，植被盖度和产草量有显著提高，改良2年和3年时植被盖度分别比对照增加75%和112%；干草产量分别比对照增加60.4%和109.2%。补播还能加速退化群落的恢复演替，从弃耕地香茅草群落恢复演替到长芒草原生植被需要四五十年的时间，而通过补播优良牧草直立黄耆能加速植被恢复进程，只需10年左右时间即可由弃耕地群落演替到长芒草（*Stipa bungeana*）群落（邹厚远等，1994）。补播以选择乡土和竞争力强的豆科与禾本科植物最好。而要在盐渍化程度高的草原补播羊草，可以先选择一些先锋植物改良土壤，为羊草的侵入或补播创造条件（郗金标等，2003）。

六、建立人工草地

天然草地要想得到真正意义上的恢复，降低人为干扰特别是放牧干扰是唯一的途径，但退化草场的恢复与畜牧业的发展又是一对现实而尖锐的矛盾；为解决这一矛盾，以饲草为核心的人工草地的建植势在必行。人工草地是利用综合农业技术，在完全破坏了天然植被的基础上，通过人为播种建植的人工草地群落（胡自治，1997）。

在我国北方选择土壤肥沃、有灌溉条件的地方建立人工草地能显著提高牧草产量。有数据显示在草原地带播种优质牧草，在灌溉条件下，产草量可提高7～8倍；在非灌溉条件下，产草量可提高1～3倍（陈敏，1998）。在牧草种类选择上，陈敏（1998）指出，选择羊草、无芒雀麦（*Bromus inermis*）、披碱草（*Elymus dahuricus*)、冰草、白花草木犀(*Melilotus albus*)、草原 2 号苜蓿、直立黄耆(*Astraglus adsurgens*)等优质牧草进行单播和混播建立人工草地，可以大大提高退化草甸的生产力。目前，土壤中 N 不足是限制我国天然草地产量的主要因素，因此，在选择草种时，采用豆科和其他草类混播是最有效的。对人工草地的管理主要集中在水肥的使用上。在混播草地中，施 N 肥和 P 肥对草地的增产效果都很显著（陈敏等，2000）。在施用方式上，N、P 肥合施增产效应比单施 N 或 P 提高 30%以上（Wilman and Fisher，1996）。有关人工草地需水量，王殿武等（1997）认为，保证现蕾开花-结籽期的水分供应是提高牧畜混播人工草地生物量的关键措施。

建立大规模人工草地是实现我国农业现代化的必经之路，建立高产、优质的人工草地是解决我国日益尖锐的草畜矛盾、实现草地长久可持续发展的必然要求。

七、其他措施

除以上所述改良手段外，目前使用的改良退化草地的技术还包括火烧、除毒草等，这些技术的使用都发挥了积极的效果。

火烧改良：在高草草原，适宜频次、强度和时间的火烧对植物的生长是有利的（Kucera and Ehrenreich，1962；Anderson et al.，1970）。火烧能杀死草地群落中的木本植物，控制其生长及扩散（周道玮，1992）。火烧还能去除枯落，增加灰分，有助于土壤微生物的活动（Adams and Anderson，1978）。此外，火烧还能改善群落组成，鲍雅静等（2000）在内蒙古羊草草原的研究表明，火烧处理能增加建群种羊草的产量，抑制优势种大针茅的发展，改善群落结构；火烧后羊草的重要值显著提高，由 0.14 升为 0.34，而大针茅由 0.13 下降到 0.09。但火烧对土壤养分的影响诸说各异：火烧后留下了大量的灰分，能起到追肥作用，但其中很大一部分可能被风吹走，火烧过程中很大部分的 N、S 挥发掉，留下的是能溶解并被植物立即吸收的单盐；当燃烧不充分，留下的灰分为黑色时，土壤有机质明显提高；火烧对土壤养分的影响时间极短，一个生长季以后即可结束（周道玮，1992）。

针对草原目前面临的局部改善、整体恶化的现状，人们尝试使用多种方法促进退化草原的恢复，包括围封、农业改良（机械改良、灌溉、施肥）、建立人工草地、火烧等，各种措施的实施都发挥了积极的作用，也都有着各自的使用范围和条件。但在实际过程中也存在着以下一些问题。

1）现实运用中，人们考虑更多的是对产量的恢复，这主要是从经济角度考虑，而缺乏对人为措施作用下生态效益的考量，但在全球变暖、碳研究如火如荼的大背景下，研究各种人为措施对生态系统特别是碳的影响显得尤为重要。

2）缺乏不同人为处理初期土壤理化性状的研究。

3）在各种农业机械改良处理中，主要考虑的是机械或者施肥、灌溉的单一或者简单组合的影响，而对于以机械改良为基础同时辅加灌溉、施肥的研究较缺乏。

4）针对耙地改良，既有研究时间都较短（宝音陶格涛和刘美玲，2003；宝音陶格涛和陈敏，1994；杨丽娜和宝音陶格涛，2010；张建丽等，2012），还未有长期（30年）群落恢复演替规律的研究。

针对目前研究中以上的不足，本实验拟解决以下三大问题。

1）研究不同改良处理，包括单独机械（切根、浅耕翻等物理改良）及与灌溉、施肥（人为物质投入的化学改良）相结合处理下植物群落的变化，包括群落地上生物量、密度、羊草相对密度及地下根系分层生物量的变化。

2）研究不同改良处理，包括单独机械（切根、浅耕翻等物理改良）及与灌溉、施肥（人为物质投入的化学改良）相结合处理下土壤理化性状的变化，包括土壤容重、有机碳等。

3）通过对连续30年的监测结果，包括植物群落种类组成、密度及多样性、均匀度、重要值进行分析，研究耙地改良处理30年退化羊草草原植物群落恢复演替规律，建立演替模型，为退化草地的人为恢复改良提供理论依据。

第二节　不同改良处理对植物和土壤的影响

改良实验样地位于内蒙古锡林浩特市东北40km毛登牧场内蒙古大学草地生态学研究基地，地理位置为东经116°28′56.8″、北纬44°10′02.4″，海拔1160m，土壤为栗钙土。全年平均气温2.6℃，最冷月（1月）平均温度–19.03℃，最热月（7月）平均气温21.38℃，无霜期150天，全年植物生长季为5～9月。全年平均降水量为271.42mm，生长季平均降水量大约为237.04mm，占年降水量的87%左右。研究区域为羊草（*Leymus chinensis*）+糙隐子草（*Cleistogenes squarrosa*）+克氏针茅（*Stipa krylovii*）群落，其他伴生植物有大针茅（*Stipa grandis*）、防风（*Saposhnikovia divaricata*）、冷蒿（*Artemisia frigida*）、瓣蕊唐松草（*Thalictrum petaloideum*）、阿尔泰狗娃花（*Heteropappus altaicus*）等。2012年在样地1布置新样地，共进行6项处理，4个重复，处理为切根+灌溉+施肥、切根+灌溉、切根+施肥、切根、浅耕翻、对照。具体处理方法如下，切根：利用9QP-830型盘齿式草地破土切根机切根，切根深度12cm；时间为2012年6月30日至7月4日、2013年5月25～27日。灌溉：喷灌，相当于每次20mm降水（折合每亩13.3t）时间为2012年5月23～26日、7月5～10日及2013年5月28～31日、6月21～25日。施肥：有机肥（粉碎后的羊粪）300kg/亩；时间为2012年7月1～4日。浅耕翻：用机引四铧犁对退化草地进行浅耕翻，深度18～20cm，再用圆盘耙耙平；时间为2012

年 6 月 28～29 日。

定位站研究区域位于内蒙古锡林郭勒盟中国科学院内蒙古草原生态系统定位研究站（43°30′～44°30′N，116°30′～117°30′E），气候类型属于半干旱大陆性气候（温带草原气候）。年均温−0.4℃，最冷月（1 月）平均温度−22.3℃，最热月（7 月）平均气温 18.8℃，年均降水量 323mm，生长季平均降水量占年降水量的 87%左右（陈佐忠，1988）。研究地段位于锡林河中游南岸的二级阶地与丘陵坡麓上，土壤类型为栗钙土。该样地处理前为羊草草原因过度放牧而形成的退化变体，即以冷蒿（*Artemisia frigida*）为建群种的含小叶锦鸡儿（*Caragana microphylla*）斑块的冷蒿+羊草+丛生小禾草群落。草群高度 2～10cm，盖度 20%左右，单位面积物种丰富度较低。处理时间为 1983 年 7 月，用 42 片圆盘耙呈 45°角对耙两遍，深度 7cm 左右。处理后采取围栏封育的方法加以保护，以免再次受到干扰。

一、不同改良处理植物群落地上生物量月动态

研究不同改良处理第一年群落地上生物量的月动态能表明改良初期对产量的增产效果，具有重要的生产意义。从图 5.1 中我们可以明显地看到，各处理 6～9 月的地上生物量总体上都呈现上升趋势。分月份来看，6 月由于灌溉，切根+灌溉+施肥和切根+灌溉处理较切根+施肥、切根、对照平均增产达 8.66%，但未达显著水平。7 月，切根+灌溉+施肥和切根+灌溉处理分别较对照增产 5.66%和 3.79%，切根+施肥和切根处理则较对照分别下降 11.01%和 10.33%，这主要源于切根及施肥所使用的机械对群落造成碾压和破坏。8 月的研究最重要将在下面单独说明。9 月除切根+灌溉处理较对照略有升高外，其他三种处理地上生物量较对照平均下降

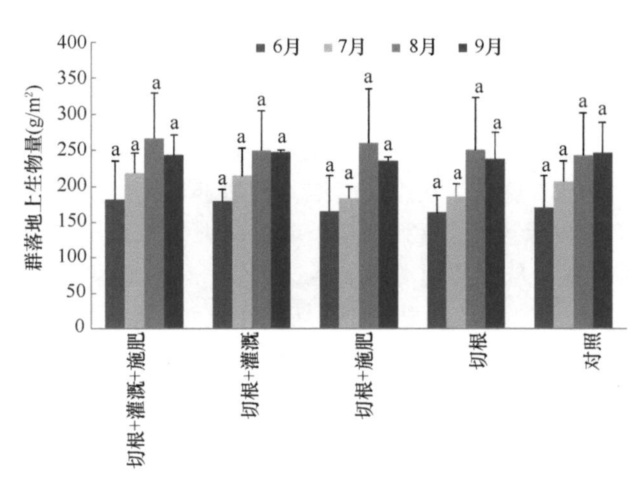

图 5.1 不同改良处理第一年群落地上生物量月动态

不同小写字母表示不同处理间差异显著（$P<0.05$），下同

3.15%，但都未达显著水平。以上结果表明，6 月、7 月各处理较对照的变化主要源于各项处理措施的实施，包括灌溉较直接的增产和切根、施肥直接的机械碾压与破坏作用；8 月地上生物量较对照都有一定程度的增大则源于各项处理的积极效果；9 月较对照下滑原因未知，需进一步研究。

二、不同改良处理植物群落地上生物量对比

植物群落地上生物量是群落性状的重要参数，也是生产实践活动中利用的主要指标。因此，研究不同改良处理初期植物群落地上生物量的变化具有重要的生产和生态意义。每年 8 月是植物群落地上现存生物量最大时期，最具研究价值。由表 5.1 可知，改良处理第一年 8 月群落地上生物量顺序为：切根+灌溉+施肥＞切根+施肥＞切根＞切根+灌溉＞对照。由此可见，4 种改良措施相较对照都能达到增加地上生物量的目的，增产幅度不尽相同，但增产都未达显著水平。分析可得，切根增产为 3.15%，切根+施肥为 6.9%，切根+灌溉为 2.66%，切根+灌溉+施肥为 9.90%。由此可得，施肥与切根相结合时相较单纯切根能提高 3.7 个百分点，再加上灌溉后能再提高 3 个百分点，三项相加的效果最佳。切根与灌溉相结合后相较单纯切根未能提高产量的原因可能在于：2012 年 6 月自然降水量显著偏高，再施加人为灌溉后反而抑制植物根系呼吸，从而一定程度削弱了切根的效果；此外，人为灌溉能降低土壤温度，不利于植物生长。但当三者结合后，灌溉水主要用于所施肥料的溶解，从而达到明显提高地上生物量的效果。

表 5.1　2012 年 8 月不同改良处理群落地上生物量（g/m^2）

切根+灌溉+施肥	切根+灌溉	切根+施肥	切根	对照
266.48±63.08a	248.94±55.35a	259.22±75.31a	250.13±72.76a	242.49±58.91a

注：不同小写字母表示不同处理间差异显著（P＜0.05）

由表 5.2 可知，改良恢复第二年 8 月群落地上生物量顺序为：切根+灌溉+施肥＞切根+灌溉＞切根+施肥＞切根＞对照＞浅耕翻。浅耕翻处理第一年地上生物量几乎为零，因此未测定；恢复第二年，以羊草为代表的禾草和以猪毛菜为代表的先锋植物迅速恢复，从而实现群落的迅速恢复。除浅耕翻外，其余 4 项处理都较对照有增产效果，但都未达显著水平。切根相较对照略有增产，切根+施肥增产 6.17%，切根+灌溉增产 15.12%，切根+灌溉+施肥增产 16.87%。切根+灌溉的效果好于切根说明当自然降水不足时，切根的效果依赖于水分的补充。切根+施肥的增产效果表明施用有机肥在第二年依然有效。切根+灌溉+施肥的增产效果最高，说明三者结合的效果最好。

表 5.2　2013 年 8 月不同改良处理群落地上生物量（g/m²）

切根+灌溉+施肥	切根+灌溉	切根+施肥	切根	浅耕翻	对照
183.68±59.42a	180.93±73.97a	166.87±54.92ab	157.44±50.54ab	128.39±40.89b	157.17±38.60ab

由图 5.2 可知，2013 年各处理的群落地上生物量都低于 2012 年。原因在于 2013 年特别是牧草生长关键期的 6 月降水量较 2012 年有显著降低，这点可通过对照的变化分析获得。对照下降 35.18%，切根+灌溉+施肥、切根+灌溉、切根+施肥、切根处理分别较 2012 年下降 31.07%、27.32%、35.63%、37.06%。分析可得，切根+灌溉对降水变化的抗性最强，这也直接证明了降水是引起生产力年际间显著变化的主要原因。切根处理的下降幅度甚至高于对照则说明切根效果显著依赖于降水，当自然降水不足时，及时人为降水能保证其效果。可能的原因在于切根处理一方面通过增加分蘖加速生长，另一方面会加大土壤水分的蒸散，从而抑制植物的生长。当自然降水充足时，切根的正效益大于负效益，促进生长；当降水不足且无人为灌溉时，正效益则无法显著表现。最终可得如下结论：降水量是典型草原区群落地上生物量的决定因素，切根处理的效果依赖于降水充足与否，有机肥可以持续发挥作用，当切根、灌溉、施肥三者相结合时草原的增产效果最佳。

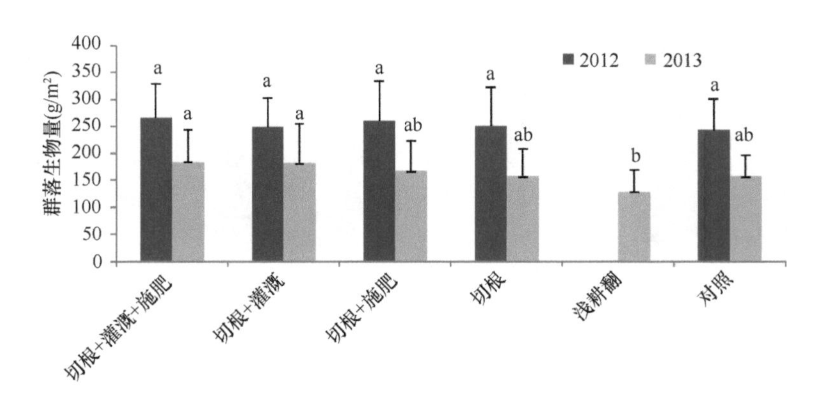

图 5.2　2012 年、2013 年 8 月不同改良处理群落地上生物量

三、不同改良处理初期对群落及羊草密度的影响

群落密度是反映群落特征的典型指标，不仅可以直观表示群落的生产性状，而且可表征群落恢复的演替阶段，特别是建群种的密度。因为本实验中羊草平均密度占比达 50%以上，对群落有绝对的建群作用，因此，除研究总密度外，还研究羊草密度。由表 5.3 可知，各处理较对照群落密度都有一定程度的下降，但都

未达显著水平。切根处理下降 17.90%，切根+施肥为 17.56%，切根+灌溉为 15.80%，切根+灌溉+施肥为 8.50%。结果分析表明：切根起到降低群落密度的作用，灌溉和施肥则都起到增大的作用，灌溉的增大作用大于施肥。以上结果首先源于切根作为一种机械改良措施其通过碾压能降低群落密度，但施肥和灌溉作为一种增产手段能促进群落植物特别是一二年生植物的恢复与生长。

表 5.3　2012 年 8 月不同改良处理群落密度（株/m^2）

切根+灌溉+施肥	切根+灌溉	切根+施肥	切根	对照
435.88±200.49a	401.13±192.26a	392.75±224.03a	391.13±185.82a	476.38±166.03a

由图 5.3 可知，在 4 种处理相较对照总密度下降的背景下，切根+灌溉+施肥、切根+灌溉和切根+施肥处理羊草相对密度相比对照有一定程度的提高，切根则略有降低。切根的效果有两方面：一方面能加速羊草的分蘖，促进羊草的生长，但该效果的表现需要一定的时间，难以在处理第一年就有显著变化；另一方面则由于拖拉机的碾压破坏，群落密度降低。结果分析表明：切根在短期内不能显著提高羊草密度，施肥和灌溉能及时起作用，用于植物的生长和群落的恢复。

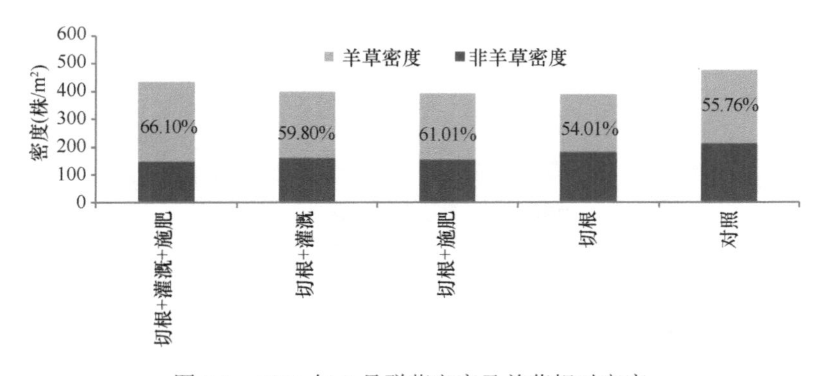

图 5.3　2012 年 8 月群落密度及羊草相对密度

由图 5.4 可知，除浅耕翻外，其余各处理 2013 年 8 月群落密度较 2012 年同期都有一定程度的下降，这主要源于 2013 年自然降水在牧草 6 月生长关键期显著减少。其中对照下降 26.18%，切根+灌溉+施肥、切根+灌溉、切根+施肥、切根分别下降 7.79%、2.79%、21.85%和 6.27%。各处理的降幅都低于对照，说明各项处理对由降水减少引起的变化的抗性大于对照，特别是切根+灌溉的效果最明显。这一方面说明切根的效果在第二年开始逐渐显现，另一方面表明在自然降水不足时及时的人为灌溉会有显著的效果。

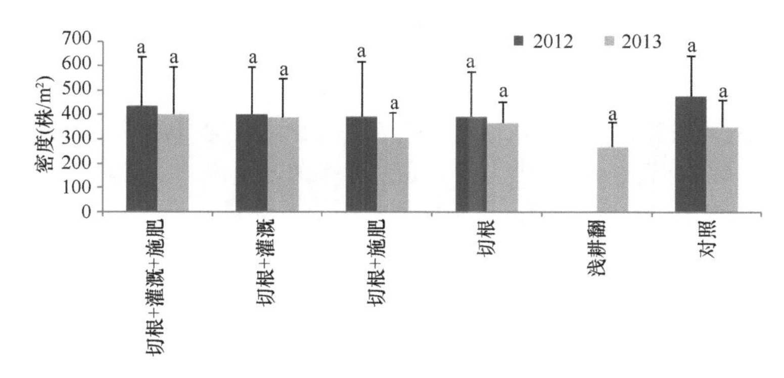

图 5.4　2012 年、2013 年 8 月不同改良处理群落密度

四、不同改良处理初期对植物地下生物量的影响

地下生物量是指存在于草地植被地表下草本根系和根茎生物量的总和（黄德华等，1988）。植物根系具有贮存养分、供给水分等重要作用，是草地生态系统物质循环、能量流动的重要环节，还是草地植被碳蓄积的重要部位，准确测定地下生物量是确定草地植被碳源汇功能的基础。由表 5.4 可知，各处理地下生物量随着深度的增加而迅速降低，根系在土壤中的垂直分布呈倒金字塔形，这与陈佐忠（1988）、王启基等（1995）的研究相一致，而本实验中因 40～60cm 的根系合为一层研究，所以较 30～40cm 层生物量高。根系主要分布于 0～30cm 土层，占地下总生物量的 60%以上。因为土壤大部分有机质和养分集中于表层，所以根系富集于表层以最大限度地利用资源来满足自身生长所需（胡中民等，2005）。

表 5.4　2012 年 8 月不同处理植物群落地下分层生物量（g/m^3）

深度	切根+灌溉+施肥	切根+灌溉	切根+施肥	切根	对照
0～10cm	814.17±219.90a	747.88±102.99a	700.65±69.38a	732.49±251.75a	702.38±205.05a
10～20cm	404.05±124.54a	348.37±66.39a	429.18±148.91a	463.85±170.94a	383.90±60.01a
20～30cm	270.16±78.28a	242.00±60.66a	286.19±109.69a	213.18±101.50a	287.28±120.24a
30～40cm	237.02±64.64a	228.35±44.28a	230.08±102.63a	190.65±128.38a	297.68±187.97a
40～60cm	297.89±101.26a	296.38±76.88a	237.02±76.85a	196.07±123.10a	333.86±92.99a
60～80cm	138.44±31.22a	197.37±30.40a	173.54±77.06a	115.91±37.67a	204.73±75.26a
80～100cm	70.19±30.33a	66.73±32.95a	103.99±72.50a	79.29±27.89a	135.62±75.20a

通过分析可得，改良处理第一年 8 月 0～10cm 层切根+灌溉+施肥、切根+灌溉、切根处理较对照分别增大 15.92%、6.48%、4.29%，切根+施肥处理则较对照略有降低，但变化都未达显著水平；10～20cm 层切根+灌溉+施肥、切根+施肥、

切根处理较对照分别增长 5.25%、11.79%和 20.82%，切根+灌溉则降低 9.26%；其余 5 层，各处理较对照都有一定程度的下降，但未达显著水平。这表明切根、灌溉和施肥能促进表层（0～20cm）根系的生长，但同时抑制下层（80～100cm）根系的生长，促进根系向上集中生长。这也从一个方面说明了当环境条件较好时，植物根系集中在表层生长，当自然条件恶劣时，其通过向下生长来寻找更多的自然资源。

由表 5.5 可知，各处理 2013 年地下生物量依旧随着深度的增加而迅速降低。浅耕翻处理 0～30cm 各层地下生物量低于对照，30～40cm 层与对照相近，40～100cm 各层则高于对照，但都未达显著水平。这表明，浅耕翻作为一种较大的干扰，在处理初期能降低表层的根系生物量，同时促进根系向下生长。对比切根和对照各层发现，切根主要降低 0～20cm 的根量，这主要源于切根造成土壤表层含水量降低，引起根量的减少。切根+施肥与切根+灌溉+施肥和单独切根对比可得：施肥能增大根量，但在降水不足时效果不明显。切根+灌溉与对照和单独切根对比表明灌溉在 0～10cm 对根量有降低效果，在 10～80cm 层则表明其有增加效果，这主要源于水分的下渗。切根+灌溉+施肥在 0～10cm 与对照差异微小，在 10～20cm 则差异增大也说明了灌溉的增加根量效果。总之，在自然降水不足时，切根降低表层（0～10cm、10～20cm）的根量，施肥能一定程度增加根量，灌溉的效果更明显，但由于水分的下渗其效果主要体现在 10～20cm。

表 5.5　2013 年 8 月不同处理植物群落地下分层生物量（g/m^3）

深度	切根+灌溉+施肥	切根+灌溉	切根+施肥	切根	浅耕翻	对照
0～10cm	1006.34±131.50a	873.53±74.18a	861.62±121.09a	800.74±331.07a	756.11±421.10a	990.52±217.08a
10～20cm	693.06±88.83a	672.70±64.87a	554.62±55.47a	525.81±339.43a	491.36±290.02a	587.55±251.75a
20～30cm	432.65±86.06a	415.32±183.26a	390.40±74.15a	329.09±185.86a	330.17±263.16a	370.90±135.08a
30～40cm	297.03±130.52a	283.81±184.69a	231.60±39.80a	213.40±112.03a	288.79±268.90a	271.03±63.95a
40～60cm	324.54±139.96a	271.68±148.62a	269.08±82.84a	237.02±124.42a	349.67±295.20a	207.98±61.89a
60～80cm	199.10±84.25a	186.97±81.52a	184.37±88.95a	173.75±148.48a	223.58±160.32a	163.14±41.02a
80～100cm	117.86±64.49a	103.78±36.10a	92.08±48.41a	89.91±49.65a	119.37±71.88a	116.12±36.10a

五、不同改良处理初期对土壤容重的影响

土壤容重是指单位容积原状土壤干土的质量，通常以 g/cm^3 表示；土壤容重的大小，受密度和孔隙度两个方面影响，疏松多孔的土壤容重小，表明土壤比较疏松，孔隙多，反之则大（黄昌勇，2000）。土壤容重是土壤重要属性之一，反映草地土质状况和孔隙度等整体性质（成鹏，2010）。长期过载放牧引起草地退化后，

土壤板结，孔隙度降低，密度增大，不利于根系和土壤微生物的代谢活动；切根能达到疏松土壤的效果，即降低土壤容重、增大土壤孔隙度和透气性。由图 5.5 可知，土壤各层容重整体随着深度的增加而增大，但各层间变化幅度不显著，范围在 1.2～1.5（g/cm^3）；除浅耕翻处理外同层其余各处理间的容重差异未达显著水平，这是由于土壤容重是在长期过程中形成的，具有很强的抗性，数值难以在短期内轻易改变。分析可得：浅耕翻处理表层（0～10cm、10～20cm）容重显著低于对照，而 20～100cm 各层则整体略高于对照，这说明浅耕翻能一定程度降低表层土壤的容重，但这种降低是以深层容重增大为代价的。其余三项处理中对土壤容重能产生影响的主要是切根处理，灌溉和施肥处理对容重影响不显著。0～10cm 层切根+灌溉+施肥、切根+灌溉、切根+施肥和切根 4 项处理容重均较对照有所下降，平均下降幅度为 2.59%；10～20cm 层 4 项处理均较对照有所上升，平均增大幅度为 3.59%。表明切根处理主要能降低 0～10cm 的土壤容重，达到疏松土壤的目的，但这种效果是以 10～20cm 容重增大为条件的。此外，20～100cm 层各处理与对照相比均无显著差异，再次表明切根这种机械处理主要作用于表层土壤。

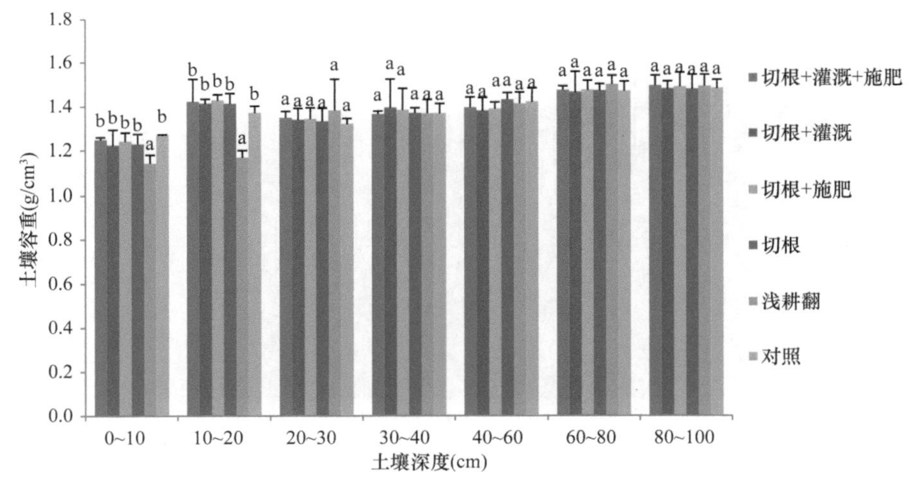

图 5.5　2012 年 8 月各处理 0～100cm 分层土壤容重

六、不同改良处理初期对土壤有机碳密度的影响

根据 Ajtay 等（1979）的统计，全球草地的碳储量为 761Pg（$1Pg=10^{15}g$），约占陆地生态系统总碳储量的 15.2%，其中 89.4%的碳储存在草地土壤中。草地土壤碳包括有机碳和无机碳两大部分，其中有机碳的变化受气候和人为影响更为明显，是当前国内外研究的热点。因此，研究不同人为恢复改良措施下草地土壤有机碳的变化具有重要意义，也是人为恢复改良措施引起的生态效益研究。

土壤有机碳密度是指单位面积一定深度的土层中土壤有机碳的储量，由于排除了面积因素的影响而以土体体积为基础来计算，土壤碳密度已成为评价和衡量土壤中有机碳储量的一个极其重要的指标（解宪丽等，2004）。由图 5.6 可知，不同改良处理下，土壤有机碳密度整体随着深度的增大而降低，40～60cm 较 30～40cm 有一定升高源于土层厚度的加倍。0～40cm 有机碳密度占 0～100cm 总密度的 65%～70%，这是因为土壤有机碳主要来源于植物根系的降解，植物根系主要分布于 0～40cm，且分布量随着深度的增加而迅速降低。分层而言，0～10cm 层，浅耕翻处理土壤有机碳密度显著低于其他处理，相较对照降低 11.09%，其余各项处理较对照无显著差异，这说明浅耕翻作为一种较大的机械干扰能显著降低表层的土壤有机碳密度，其余以切根为基础的处理则对土壤有机碳密度的影响不显著。10～20cm、20～30cm 层变化与 0～10cm 层变化相似，浅耕翻处理较对照分别下降 14.17%和 12.27%，其余各处理则无显著差异。30～100cm 各层各处理较对照无显著变化，这说明人为机械改良处理的影响主要集中于表层（0～30cm）土壤。

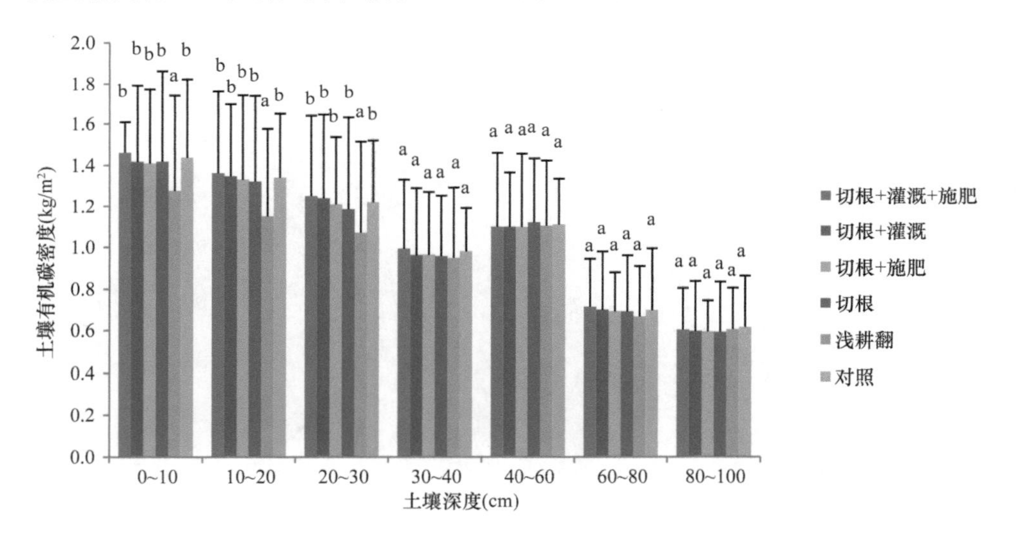

图 5.6　不同改良处理下第一年不同深度土壤有机碳密度

第三节　退化羊草草原耙地改良 30 年植物群落恢复演替研究

一、群落种类组成变化

如表 5.6 和表 5.7 所示，耙地处理后，群落恢复演替过程中，植物群落物种数

表 5.6 退化羊草草原耙地处理后群落种类组成

处理	年份	群落种类组成		
		科数	属数	种数
耙地	1983	10	18	22
	1984	12	23	30
	1990	12	22	29
	2003	11	19	22
	2012	8	16	19
对照	2012	8	14	15

表 5.7 退化羊草草原耙地处理后群落种类组成及各种群相对生物量（%）

植物名称	不同年份各种群相对生物量					
	1983	1984	1990	2003	2012	2012（对照）
羊草 *Leymus chinensis*	6.5±2.93	23.5±15.0	65.4±10.6	45.3±12.0	38.6±13.2	54.4±23.2
羽茅 *Achnatherum sibiricum*	0	0	0	0	0.1±0.2	0
冰草 *Agropyron cristatum*	3.6±2.1	8.1±5.6	5.3±3.8	15.9±6.2	5.0±5.1	2.8±2.9
糙隐子草 *Cleistogenes squarrosa*	10.9±1.2	7.2±3.5	0.8±0.6	2.5±1.4	1.4±1.5	0.1±0.1
落草 *Koeleria cristata*	5.1±2.3	4.5±2.1	0.5±0.3	5.8±4.1	0.1±0.1	0
草地早熟禾 *Poa pratensis*	0	0.2±0.1	1.9±1.6	0	0	0
大针茅 *Stipa grandis*	2.3±1.7	5.8±2.2	2.1±1.4	5.7±1.8	19.2±16.4	0.9±1.2
黄囊薹草 *Carex korshinskyi*	0.1±0.1	0.5±0.2	0.1±0.1	1.6±1.8	9.3±5.4	9.2±6.8
双齿葱 *Allium anisopodium*	12.0±2.3	3.5±1.7	3.2±3.4	0.8±0.9	0.2±0.2	0
细叶韭 *Allium tenuissimum*	0.4±0.3	0.1±0.1	0.3±0.2	0.7±0.4	0	0
野韭 *Allium ramosum*	0	0.2±0.3	0	0.5±0.4	0.2±0.4	0
大籽蒿 *Artemisia sieversiana*	0	0	0	0	0.5±0.3	10.6±7.1
变蒿 *Artemisia commutata*	7.6±3.9	11.7±9.6	0.7±0.8	0	0	0
猪毛蒿 *Artemisia scoparia*	0	0.1±0.2	0.3±0.2	0	0	0
冷蒿 *Artemisia frigida*	35.1±7.4	8.5±4.2	0.3±0.2	6.7±6.2	1.9±2.7	0
阿尔泰狗娃花 *Heteropappus altaicus*	0.3±0.2	1.2±1.1	1.4±1.1	0	0	0
小叶锦鸡儿 *Caragana microphylla*	4.6±3.1	4.5±2.3	1.3±1.0	1.8±0.8	2.9±1.4	1.7±1.5
扁蓿豆 *Melissitus ruthenica*	3.6±3.1	2.6±1.8	1.2±1.4	0	0	0.2±0.4
乳白花黄耆 *Astragalus galactites*	0.2±0.2	0.1±0.1	0	0.1±0.2	0	0
星毛委陵菜 *Potentilla acaulis*	2.2±1.3	2.6±1.7	0.4±0.3	8.8±6.1	0	0
菊叶委陵菜 *Potentilla tanacetifolia*	4.5±5.2	2.6±2.9	0.4±0.2	1.1±1.5	1.3±0.4	0
二裂委陵菜 *Potentilla bifurca*	0.1±0.3	1.4±1.1	0	0.3±0.2	5.5±5.0	0.7±0.4
灰绿藜 *Chenopodium glaucum*	0.1±0.2	0.6±0.4	0.7±0.2	0.4±0.3	2.1±1.7	3.1±2.3
木地肤 *Kochia prostrata*	0.8±1.1	1.6±1.3	7.8±5.0	1.3±0.6	10.2±2.3	14.7±10.4

续表

植物名称	不同年份各种群相对生物量					
	1983	1984	1990	2003	2012	2012（对照）
猪毛菜 *Salsola collina*	0	5.6±5.2	3.3±2.3	0	0.2±0.2	0
刺藜 *Chenopodium aristatum*	0	0	0	0	0	0.2±0.2
轴藜 *Axyris amaranthoides*	0	0	0	0	0.6±0.4	0.1±0.1
腺花旗杆 *Dontostemon eglandulosus*	0.1±0.2	2.6±2.3	0	0	0	0
防风 *Saposhnikovia divaricata*	0	0.1±0.1	0.1±0.1	0.1±0.2	0	0
鹤虱 *Lappula myosotis*	0.1±0.3	0.3±0.2	0	0	0	0
达乌里芯芭 *Cymbaria dahurica*	0	0	0.4±0.5	0	0	0.4±0.9
细叶鸢尾 *Iris tenuifolia*	0	0	0	0.1±0.3	0	0
瓣蕊唐松草 *Thalictrum petaloideum*	0.1±0.2	0.2±0.2	0.7±0.3	0.4±0.5	0.8±0.9	1.0±1.6
少花米口袋 *Gueldenstaedtia verna*	0	0.1±0.2	0.1±0.1	0	0	0
硬毛棘豆 *Oxytropis hirta*	0	0	1.1±0.5	0	0	0

量呈现明显的先上升后下降变化。根据演替阶段的划分，在每个演替阶段选择有代表性的年份（1983 年、1984 年、1990 年、2003 年、2012 年）进行群落种类组成变化的分析，以期研究导致群落种类组成变化的主要因素。

1983 年处理前物种数为 10 科 18 属 22 种，处理第 2 年（1984 年）达到 12 科 23 属 30 种，第 8 年（1990 年）达到 12 科 22 属 29 种，物种数分别较 1983 年增加 36.4%和 31.8%；恢复第 21 年（2003 年）为 11 科 19 属 22 种，与 1983 年基本持平；恢复第 30 年（2012 年）则降为 8 科 16 属 19 种， 物种数较 1983 年下降 13.6%。究其原因为长期过度放牧，1983 年群落类型退化为冷蒿群落。耙地处理一方面切断羊草老的根茎，促进芽的分化和生长，加速羊草的恢复；另一方面由于土壤和植被受到扰动，地表原有植被受到一定程度的破坏，一二年生植物（以藜科、菊科植物为主）得以侵入，这为处理初期群落物种数迅速增多的主要因素。

随着演替的推进，一二年生植物由于竞争力弱逐渐被竞争力更强的多年生禾草所取代，群落物种数因而逐渐降低。最终，随着逐渐演替为羊草+大针茅+丛生禾草顶极群落，群落物种数保持基本稳定。

就群落优势种而言，其变化为：羊草由于耙地处理，1984 年相对生物量就达到 23.5%，重新成为建群种，此后羊草继续快速恢复，至 1990 年达到峰值 65.4%，此时已近乎为“纯羊草群落”，之后 20 年间，羊草比例虽有所下降，但依旧维持在 40%～50%，始终保持绝对的建群种地位；冰草的相对生物量变化则呈现双峰曲线，在演替过程中主要作为过渡优势种存在，最终在演替后期其建群种地位逐渐被大针茅所取代；冷蒿在处理的第 2 年（1984 年）比例迅速下降，但在之后的演替中群落地位逐渐稳定，最终作为 20～40cm 层片的重要物种长期稳定存在。

最终，经过各物种的充分自由竞争，演替第 30 年（2012 年）群落类型恢复为羊草+大针茅+丛生禾草群落。

二、群落密度年度变化

群落密度指 $1m^2$ 样方内所有物种的株丛数（本实验中以羊草为代表的根茎型禾草以地上枝条数计数）。如图 5.7 所示，耙地改良 30 年群落密度变化为先波动上升，在第 15 年（1997 年）达到最大值 679 株/m^2，但在随后一年（1998 年）剧烈下降，降至 346 株/m^2，降低 49%，自此之后 15 年（1998～2012 年）群落密度围绕在 380 株/m^2 上下基本稳定。

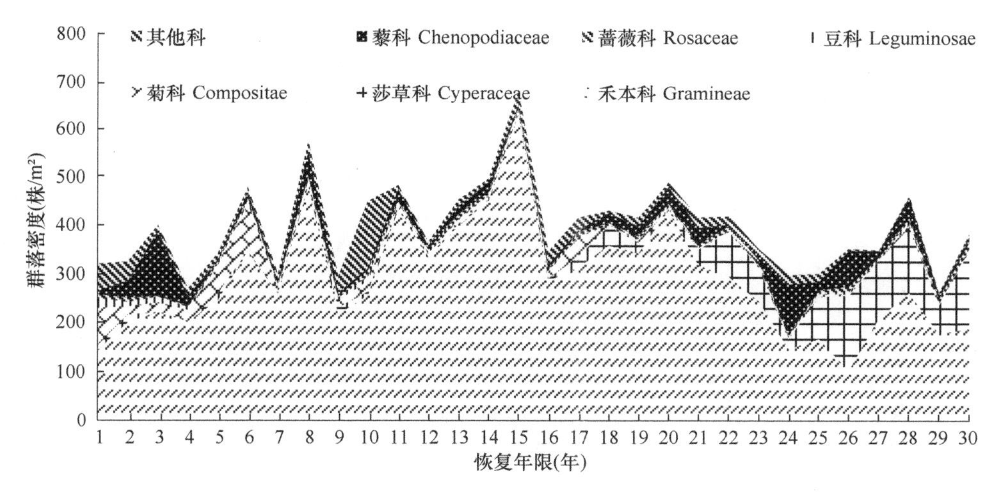

图 5.7　退化羊草草原耙地处理后群落演替过程中密度变化

群落密度变化可分为两个阶段（第 1～15 年，第 16～30 年）进行研究。在第一阶段（第 1～15 年），由于禾本科密度平均占比达 75.78%，因此群落密度变化主要由禾本科引起。1983 年，群落的生态位未被充分利用存在大量剩余，耙地处理的最主要作用就是促进羊草的迅速恢复，禾本科植物通过迅速增多枝条数占据更多的生态位以达到最大程度的物种自我发展，经过充分竞争在第 15 年（1997 年）密度达到峰值 632 株/m^2，占比 93.04%。此外，先锋植物猪毛菜在处理初期迅速繁殖，第 3 年（1985 年）密度达到 124 株/m^2，在第一个群落密度小高峰中发挥了重要作用，然而由于竞争力差逐渐在后续的竞争中被取代。在第二阶段（第 16～30 年），经过充分竞争种群格局逐渐趋于平稳，群落密度也因而逐渐基本稳定。禾本科植物密度有所下降而莎草科和藜科植物密度有所提高，这是因为禾本科此时的竞争策略由简单增多枝条数转为增大每株植株的竞争力，从而更好地维持对群落的主导作用。莎草科和藜科的增加源于群落以期通过适度增大物种多样性达到增大群落稳定性和抵御不良环境影响能力的目的。

三、群落多样性和均匀度的变化

物种多样性是群落的重要特征，为生态系统功能的运行和维持提供了种源基础与支撑条件（张继义等，2004）。因此，人为干扰条件下群落恢复演替过程中物种多样性变化的研究具有重要的理论和实践意义（白永飞等，2000）。如图 5.8 和图 5.9 所示，耙地改良 30 年群落恢复演替过程中物种多样性和均匀度指数的变化呈现相似的规律，均为先波动下降而后逐渐稳定，据此可将其划分为两个阶段：第一阶段：恢复演替第 1～15 年（1983～1997 年），多样性指数和均匀度指数均呈现波动下降，源于耙地处理加速了以羊草为代表的禾本科植物的迅速恢复和生长，禾本科优势度不断增大，1997 年生物量和密度占比达到峰值，分别为 93.04% 和 74.74%，与此同时其他物种占比不断降低，导致群落多样性和均匀度指数不断下降。第二阶段：恢复演替第 16～30 年（1998～2012 年），群落多样性和均匀度

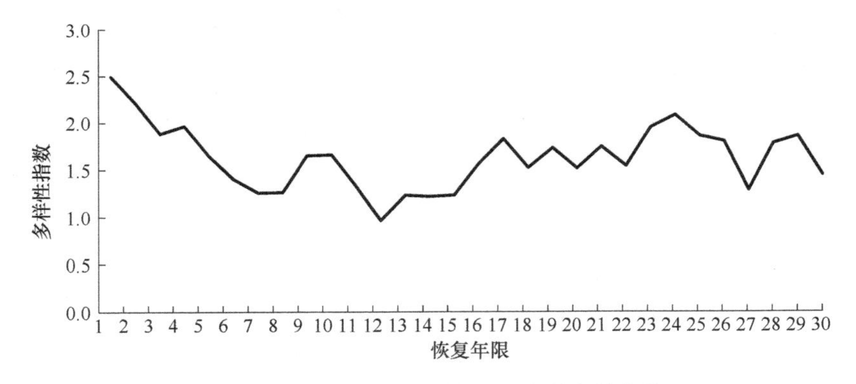

图 5.8 多样性指数在群落恢复演替中的变化

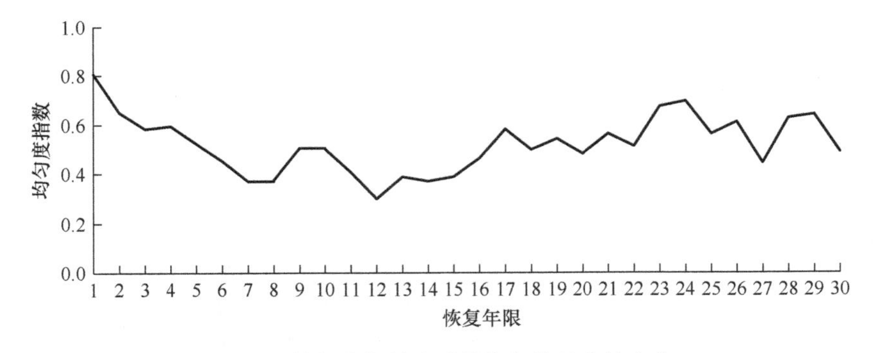

图 5.9 均匀度指数在群落恢复演替中的变化

指数逐渐稳定，这源于经过充分竞争种群格局逐渐趋于平稳，不再发生剧烈的物种演替和更迭，因而群落多样性和均匀度指数逐渐稳定。

四、植物群落演替阶段划分

通过对数据的整理和分析并结合植物群落组成与特征将 30 年恢复演替过程划分为 4 个阶段（表 5.8）。第一阶段：耙地处理第 1 年（1983 年），耙地处理对土壤的扰动难以在短期内充分展现，此时建群种仍为冷蒿，群落类型为冷蒿+羊草+丛生小禾草群落。第二阶段：耙地处理第 2～3 年（1984～1985 年），由于耙地处理能有效加速羊草的恢复和生长，在处理的第 2 年羊草就重新成为建群种，并在随后的 28 年中始终保持建群种地位；与此同时，以猪毛菜为代表的一二年生杂类草在此阶段大量增殖，在群落中占据很大比例；此外，冰草也迅速恢复，与羊草一并成为优势种，因此该阶段的群落类型为羊草+冰草+一二年生杂类草群落。第三阶段：耙地处理第 4～22 年（1986～2004 年），在此阶段羊草和冰草依旧一并保持优势种地位；此外，一二年生杂类草则由于竞争力弱而逐渐被多年生杂类草所取代，因此该阶段的群落类型为羊草+冰草+多年生杂类草过渡型群落。第四阶段，耙地处理第 23～30 年（2005～2012 年），在此阶段随着演替的进行，冰草优势种的地位逐渐为大针茅所取代；此外，优质丛生禾草在此阶段逐渐取代多年生杂类草，因此该阶段的群落类型为羊草+大针茅+丛生禾草群落。

表 5.8　退化羊草草原耙地处理后各恢复演替阶段群落特征变化

恢复演替阶段	群落类型	群落密度（株/m²）	地上生物量（g/m²）	重要值					
				羊草	冰草	大针茅	冷蒿	猪毛菜	木地肤
第一阶段（1983 年）	冷蒿+羊草+丛生小禾草群落	320	48.88	23	27	19	43	5	3
第二阶段（1984～1985 年）	羊草+冰草+一二年生杂类草群落	325～399	104～138	65～72	17～32	10～11	15～19	14～47	4～10
第三阶段（1986～2004 年）	羊草+冰草+多年生杂类草过渡型群落	269～679	112～239	50～134	8～69	1～43	1～19	0～5	1～17
第四阶段（2005～2012 年）	羊草+大针茅+丛生禾草群落	262～436	124～305	22～104	2～35	11～149	4～26	0～13	2～42

参 考 文 献

白雪, 程军回, 郑淑霞, 等. 2014. 典型草原建群种羊草对氮磷添加的生理生态响应. 植物生态学报, 38(2): 103-115.

白永飞, 许志信, 李德新. 2000. 内蒙古高原针茅草原群落 α 多样性研究. 生物多样性, (4):

353-360.

宝音贺希格, 高福光, 姚继明, 等. 2011. 内蒙古退化草地的不同改良措施. 畜牧与饲料科学, (3): 38-41.

宝音陶格涛. 2009. 不同改良措施下退化羊草(*Leymus chinensis*)草原群落恢复演替规律研究. 呼和浩特: 内蒙古大学博士学位论文.

宝音陶格涛, 陈敏. 1994. 轻耙处理对退化草原植物群落演替的影响. 内蒙古大学学报(自然科学版), (5): 578-579.

宝音陶格涛, 刘美玲. 2003. 退化草原轻耙处理过程中植物种多样性变化的研究. 中国沙漠, (4): 107-111.

保平. 1998. 半干旱草原区松土改良增产效益分析. 中国草地, (4): 47-49.

鲍雅静, 李政海, 刘钟龄. 2000. 羊草草原火烧效应的模拟实验研究. 中国草地, (1): 8-12.

陈敏. 1998. 改良退化草地与建立人工草地的研究. 呼和浩特: 内蒙古人民出版社.

陈敏, 宝音陶格涛, 孟慧君, 等. 2000. 人工草地施肥试验研究. 中国草地, (1): 21-26.

陈全功. 2007. 江河源区草地退化与生态环境的综合治理. 草业学报, (1): 10-15.

陈佐忠. 1988. 锡林河流域地形与气候概况. 草原生态系统研究, (3): 13-22.

成鹏. 2010. 放牧对天山北坡草甸土壤水分和容重的影响. 安徽农业科学, (10): 5194-5196.

高天明, 张瑞强, 刘铁军, 等. 2011. 不同灌溉量对退化草地的生态恢复作用. 中国水利, (9): 20-23.

胡中民, 樊江文, 钟华平, 等. 2005. 中国草地地下生物量研究进展. 生态学杂志, (9): 1095-1101.

胡自治. 1997. 草原分类学概论. 北京: 中国农业出版社.

黄昌勇. 2000. 土壤学. 北京: 中国农业出版社.

黄德华, 尹承军, 陈佐忠. 1993. 羊草草原和大针茅草原地上和地下部分生物量的分配. 植物学报, (1): 29-30.

康博文, 刘建军, 侯琳, 等. 2006. 蒙古克氏针茅草原生物量围栏封育效应研究. 西北植物学报, (12): 2540-2546.

李本银, 汪金舫, 赵世杰, 等. 2004. 施肥对退化草地土壤肥力、牧草群落结构及生物量的影响. 中国草地, (1): 28-34.

李博. 1997. 中国北方草地退化及其防治对策. 中国农业科学, (6): 2-10.

李建东, 郑慧莹. 1997. 松嫩平原盐碱化草地治理及其生物生态机理. 北京: 科学出版社.

廖国藩, 贾幼陵. 1996. 中国草地资源. 北京: 中国科学技术出版社.

刘钟龄, 王炜, 郝敦元, 等. 2002. 内蒙古草原退化与恢复演替机理的探讨. 干旱区资源与环境, (1): 84-91.

孟淑红, 图雅. 2006. 内蒙古草原畜牧业现状及国外经验启示. 北方经济, (17): 29-31.

潘庆民, 白永飞, 韩兴国, 等. 2005. 氮素对内蒙古典型草原羊草种群的影响. 植物生态学报, (2): 311-317.

单贵莲, 徐柱, 宁发, 等. 2009. 围封年限对典型草原植被与土壤特征的影响. 草业学报, (2): 3-10.

苏日娜, 岳军, 魏君泽, 等. 2005. 草地免耕松播技术试验. 中国草地, (2): 77-80.

苏永中, 赵哈林. 2003. 持续放牧和围封对科尔沁退化沙地草地碳截存的影响. 环境科学, 24(4): 23-28.

汪诗平, 李永宏, 王艳芬, 等. 2001. 不同放牧率对内蒙古冷蒿草原植物多样性的影响. 植物学报, (1): 89-96.
王殿才, 郑金艳, 李凤兰. 2009. 松土补播改良退化草场试验研究. 畜牧兽医科技信息, (12): 98.
王殿武, 文振海, 惠彦军, 等. 1997. 冀西北高原油菜、苜蓿混播人工草地土壤水分动态研究. 中国草地, (4): 30-35.
王皓田. 2011. 内蒙古草原生态环境退化现状及应对措施. 经济研究参考, (47): 24-27.
王启基, 周兴民, 张堰青, 等. 1995. 高寒小嵩草草原化草甸植物群落结构特征及其生物量. 植物生态学报, (3): 225-235.
乌恩旗, 张国昌, 刘春晓. 2001. 羊草草原改良措施与效果. 草地学报, (4): 290-295.
郗金标, 邢尚军, 张建锋, 等. 2003. 几种重盐碱地土壤改良利用模式的比较. 东北林业大学学报, (6): 99-101.
解宪丽, 孙波, 周慧珍, 等. 2004. 中国土壤有机碳密度和储量的估算与空间分布分析. 土壤学报, (1): 35-43.
闫玉春, 唐海萍. 2007. 围栏禁牧对内蒙古典型草原群落特征的影响. 西北植物学报, (6): 1225-1232.
闫玉春, 唐海萍, 辛晓平, 等. 2009. 围封对草地的影响研究进展. 生态学报, (9): 5039-5046.
闫志坚, 孙红. 2005. 不同改良措施对典型草原退化草地植物群落影响的研究. 四川草原, (5): 1-5.
杨持. 2008. 生态学. 北京: 高等教育出版社.
杨丽娜, 宝音陶格涛. 2010. 不同改良措施下羊草群落生物量的研究. 中国草地学报, (1): 86-91.
张继义, 赵哈林, 张铜会, 等. 2004. 科尔沁沙地植被恢复系列上群落演替与物种多样性的恢复动态. 植物生态学报, (1): 86-92.
张建丽, 张丽红, 陈丽萍, 等. 2012. 不同管理方式对锡林郭勒大针茅典型草原退化群落的恢复作用. 中国草地学报, (6): 81-85.
张苏琼, 阎万贵. 2006. 中国西部草原生态环境问题及其控制措施. 草业学报, (5): 11-18.
张文军, 张英俊, 孙娟娟, 等. 2012. 退化羊草草原改良研究进展. 草地学报, (4): 603-608.
赵康, 宝音陶格涛. 2014. 季节性放牧利用对典型草原群落生产力的影响. 中国草地学报, 36(1): 109-115.
周道玮. 1992. 火烧对草地的生态影响. 中国草地, (2): 74-77.
邹厚远, 鲁子瑜, 关秀琦, 等. 1994. 黄土高原草地生产持续发展研究 II. 补播沙打旺对退化草地演替的影响. 水土保持研究, (3): 61-68.
Adams D E, Anderson R C. 1978. The response of a central Oklahoma grassland to burning. The Southwestern Naturalist, 23(4): 623-631.
Ajtay G, Ketner P, Duvigneaud P. 1979. Terrestrial primary production and phytomass. The Global Carbon Cycle, 13: 129-182.
Anderson K L, Smith E F, Owensby C E. 1970. Burning bluestem range. Journal of Range Management, 23(2): 81-92.
Hofmann M, Isselstein J. 2004. Effects of drought and competition by a ryegrass sward on the seedling growth of a range of grassland species . Journal of Agronomy and Crop Science, 190(4): 277-286.
Kucera C, Ehrenreich J H. 1962. Some effects on annual burning on central Missouri prairie. Ecology, 43(2): 334-336.
Su Y Z, Zhao H L, Zhang T H. 2003. Influences of grazing and exclosure on carbon sequestration in

degraded sandy grassland, Inner Mongolia, north China. New Zealand Journal of Agricultural Research, 46(4): 321-328.

Wilman D, Fisher A. 1996. Effects of interval between harvests and application of fertilizer N in spring on the growth of perennial ryegrass in a grass/white clover sward. Grass and Forage Science, 51(1): 52-57.

第六章　气候变化与草原文化的新认识

放牧是天然草地生态系统的主要利用方式。天然草地多样化的类型与结构既是干旱与半干旱区气候及地貌等自然环境背景的产物，也是草地动物与植物相互作用、协同进化的结果。有研究发现，热带非洲多样化的草原景观及其空间异质性是由数千年前古代游牧先民在利用过程中产生的（Marshall et al.，2018）。在蒙古高原这片土地上，草原先民在 6000 年前的中石器时代就开始驯服野生草食动物，将野马驯化为家马、野驼驯化为家驼、野山羊或盘羊驯化为家养的山羊、绵羊（葛根高娃，2004；邵方，2004）。这些家畜经过长期适应蒙古高原气候与植被环境，成为蒙古高原草原生态系统不可分割的一部分。放牧是天然草原利用的必然选择（任继周，2012），冬季漫长寒冷，夏季短暂凉爽，以及干旱与不稳定的气候特征及多样的地貌与生物多样性组合，塑造了蒙古高原草原独特的游牧方式与游牧文化。四季游牧就是为了减轻草原和草场的放牧压力，它确保了牧草生生不息和永不枯竭。在长期的迁徙流动中，草原儿女总结出了许多畜牧经验，提出了根据畜群的习性、种类和特征进行移牧、轮牧的草地可持续利用与管理方式。这一方式可保证草原的更新繁育，维护了生物多样性的自然演化与宝贵基因资源的相对稳定性，使草原保持着适应自然气候并遵循游牧条件下的生态演替顶极。

1962～2011 年，内蒙古草地畜牧业地区气候变化表现为平均气温以上升趋势为主，与全球气候变暖趋势一致。其中冬季增暖贡献最大，冬季平均温度及平均最低气温的升幅均大于年平均温度、夏季平均温度和平均最高气温；气候季节与年度波动较大，且东部大于西部；极端气候增多。特别是降水的变化趋势不明显，区域差异明显，并有周期性振荡。总的来说，降水是草地类型分布格局变化的制约因子，在升温背景下降水制约效果更为显著。面对全球变化，以家庭为单位的草地承包制在以天然草地畜牧业为主的草原区有一定的弊端，天然草地畜牧业需要较大的空间，利用大尺度划区轮牧来保障适应气候波动与气候变化，才能保持草地畜牧业及草地生态系统功能的相对稳定。

以内蒙古草原为核心的中国北方草原，绵延 2000 多千米，随着气候湿润度的下降和热量增加，草原类型与景观结构都有较大差异，形成不同的草原地带，各地带的草地利用格局、生产经营方式与历史文化各有不同的特色。其既是游牧民族的发祥地，又具有不可替代的生态防护功能。草原民族在与自然长期适应过程中，形成了与草原气候环境和生物环境相适应的游牧文化，发扬这一游牧文化的精髓，是草地畜牧业适应气候变化的有效途径。

第一节　草原文化产生的自然环境背景

气候、地形、土壤、植物及动物等生态环境是人类赖以生产、生活的基础，不仅制约着人类的物质生活，还在很大程度上影响和规定着人类所创造的文化艺术（吴琼，2000）。

草原集中分布于不利于农耕的干旱、半干旱地区，这些区域不仅干旱少雨，而且气候季节与年度波动较大，植被多为草原或荒漠，由此形成了逐水草而居的生产、生活方式。我国的蒙古族、哈萨克族和藏族等游牧民族，生活的区域均为半干旱与干旱区，其间有高山、大河、湖泊、森林、草原、戈壁和沙漠。他们根据地理、气候环境将牧场分为冬牧场、夏牧场，为了转场方便，利用了易于拆卸、携带方便、坚固耐用的毡房。多变的气候诞生了游牧的生计方式；干燥、寒冷、风大雨少的环境塑造了他们坚强、开朗、直爽、热情的民族性格（吴琼，2000；葛根高娃，2004）。

现代草原游牧文化的主要分布区——蒙古高原，地处亚洲大陆干旱半干旱内陆地区，大体上北至西伯利亚，东到大兴安岭，南抵阴山山脉、鄂尔多斯高原，西至阿尔泰山。海拔为 1000～3000m。山地、丘陵、剥蚀高原是地貌的三个基本类型，其中以剥蚀高原为主，与山地、丘陵相间分布，并形成一定面积的河流、湖泊及较大面积的沙漠与戈壁，形成了复杂多样的地貌组合和生物多样性组合。蒙古高原地处内陆，远离海洋，是典型的大陆性气候。冬季漫长寒冷，夏季短暂凉爽，以及干旱与不稳定的气候特征及多样的地貌与生物多样性组合，塑造了独特的游牧方式与游牧文化。在草原严酷气候的不良环境下培育了适应粗放饲养的家畜品种，创建了不同草原类型的季节放牧制度，形成了逐水草而居的维护生态系统平衡的观念与可持续经营方式。草原和家畜满足了居民衣食住行方面的物质生活需求。在草原大地上，游牧民族创作出与大自然共荣的生产方式与人文艺术风格，书写出独特的历史文化篇章。

由此可见，草原游牧的生产方式是自然环境的产物。广袤的草原使人们不可能固定在某一狭小的地区放牧。大漠苦寒、畜逐水草、四时迁徙，车马为家、皮毛当衣、肉奶为食，是牧民生产和生活的必然选择（于建设，2008）。

第二节　草原文化基本特征及其蕴含的生态与可持续思想

（一）草原游牧文化的基本特征

相对于定居，游牧的主要特征是季节性迁徙或移动，以此为核心形成了一系列适合游牧的生产生活方式、社会组织、文化活动与宗教信仰。

1. 适应自然环境的绿色生产与生活方式

牛、马、绵羊、山羊、骆驼五类牲畜是游牧经济的主要生产资料和食物来源（敖仁其和胡尔查，2007；乔晓勤，1992）。因此，游牧民族的饮食以奶制品和肉食为主，奶制品和肉类都含有较高的蛋白质与脂肪，适合在高寒地区食用。自匈奴时期至今，毡房一直是北方游牧民族的主要居住形式，毡包冬暖夏凉，携带轻便，非常适合于游牧生活。游牧民族也称为马背民族，交通工具以马为主，其次有牛和骆驼。马不仅是游牧民族积累的财富，而且是一种精神象征。游牧民族在日常生产和生活中所使用的生产工具及生活器具等以迁徙时搬运轻便、携带方便、抗击抗摔且易于修复、结实耐用的木制品为主。服饰虽然在款式和花纹图案上有各自的特点，但是所用材料以动物的毛皮为多（呼拉尔顿泰·策·斯琴巴特尔，2006；乌云巴图，1999）。

2. 集体性社会组织

游牧庄子是游牧区社会的最基本单位。在自然环境严酷、地域辽阔的草原生态环境中，单家独户是无法完成游牧的，便形成了数个近亲牧户组成的游牧庄子，并在此基础上形成了更大规模的由血缘氏族或部落组成的游牧组织，游牧时牧民分别承担各自的畜群放牧任务，并在营地选择、畜群管理、抵挡灾害、繁殖发展等问题上相互协作（陈寿朋，2007）。刘书润（2007）认为，集体性是游牧文化的重要特征，每个畜牧业环节，一家一户是无法完成的，如剪毛，一个牧户单独完成会影响羊的放牧与管理，集体作业可以加快剪毛进度，不会影响放牧。

（二）草原文化蕴含的生态与可持续思想

1. 可持续的资源利用意识

游牧是在严格遵循自然规律条件下，解决牲畜和牧场矛盾、保护生态环境的最好办法。四季游牧就是为了减轻草原和草场的放牧压力，它确保了牧草生生不息和永不枯竭。游牧以畜牧业为核心，是一种充分利用自然资源和畜群资源的生活方式。许多游牧民族在长期的迁徙流动中，总结出了许多畜牧经验，可根据畜群的习性、种类和特征进行移牧、轮牧和游牧，随季节而移动，注重节约牧草、水源等自然资源。游牧的流动性不仅缓解了草原的压力，而且在流动中保护了生物多样性（王紫萱，2005）。

游牧民族生存生产与生活尽可能以最大限度地自给自足为目标，牧民一般经营“小而全”的均衡性畜群结构，不同畜产品可满足游牧社会的基本需要。它们的乳可制成奶酪、奶豆腐、黄油和高级饮料；它们的肉是牧民的主要食物；皮、毛是制作衣服、毛毯、帐房和皮囊等生活必需品的原料。马、牛是主要的生产、生活工具，马用于放牧、狩猎、战争；牛用于驾车。甚至畜群的排泄物——牛粪、羊粪也是牧民每天必需的生活燃料。当然，为满足更高、更新、更多的生产、生活需要，必须同邻近的部落和民族进行经济贸易（乌日陶克套胡，2005）。

2. 挚爱与崇拜自然的生态伦理意识

游牧人均发自内心地热爱他们赖以依存的自然界，爱山、爱水、爱草、爱树、爱原野上自生的牲畜(野生动物)，用诚实的心灵和自觉的行动回报大自然的恩泽。在牧民的心目中，保护草原、保护森林、保护野生动物，是道德的，是善事，是理所当然的；而对于破坏植被、开垦草原、残害野生动物的行为，一致认为是恶事。将道德与环境直接连接，并产生对应关系，这在各民族伦理学中十分罕见（马桂英，2008）。

3. 朴素的环境保护意识

北魏、北齐、北周政权中都设有专门负责保护生态环境的机构和官职，禁止乱砍滥伐、捕猎无度，生态环境不受破坏。元、清两个游牧少数民族政权也很重视生态环境保护。元代设上林署令、上林署丞，清代设营缮、虞衡、都水、屯田，专司其职。此外，游牧民族政权还颁布过一些有利于生态平衡和环境保护的法令条文。例如，北齐后主天统五年（569 年）发布命令，禁止用网捕猎鹰、鹞和其他观赏鸟类；辽道宗清宁二年（1056 年），严禁于鸟兽繁殖季节在郊外纵火（吴琼和周亚成，2001）。

蒙古帝国时期的《大札撒》，汉译即《成吉思汗法典》，其中有关生态保护的内容主要有规定了禁猎期和围猎期，从冬初头场大雪始，至来春牧草泛青时，是蒙古人的围猎季节，使得野生动物在水草丰美的季节繁殖成长，再生后代；将保护水资源的习俗法令化，规定禁于水中和灰烬上溺尿，禁民人徒手汲水，汲水时必须用某种器具，禁洗濯、洗破穿着的衣服。元朝强化了对动物尤其是野生动物的法律保护，规定禁止猎杀野猪、鹿、獐、兔等动物；保护天鹅、野鸭、鹘、仙鹤、鹧鸪、鹌鹑、海青鹰、秃鹫等飞禽（黄华均和刘玉军，2005）。

游牧民族有一个共同的特点，就是善待大自然。他们从不肆意破坏自然界的一草一木。在草原上，无论是大人还是小孩，都严守忌俗，爱惜水源，维护自然生态环境（呼拉尔顿泰·策·斯琴巴特尔，2006）。

（三）草原游牧文化精髓

在蒙古高原上，牧民的游牧生活经历了长期的历史过程，这是北方各民族直到蒙古民族文化的历史创造过程，其中蕴含着深邃的生态意识，具有高度的历史合理性和必然性。在这一民族文化遗产和当代的可持续发展观之间，我们不难窥见其渊源联系。因此，研究其联系对于我们遵循科学发展观，寻求草原牧区经济发展新模式和畜牧业产业化途径，有重要的有益启示。让我们对游牧生活的历史价值，从全面认识草原生态功能、维护草原生物多样性、家畜品种演化和培育、建立人与自然和谐发展的生态文明观念、实现区域协调发展和民族兴旺等目标的视角，做一些有益的粗浅探索。

1）游牧生产方式可保证草原的更新繁育，维护了生物多样性的自然演化与宝贵基因资源的相对稳定性，使草原保持着游牧条件下的生态演替顶极（climax），即十分接近自然气候顶极状态，为家畜适度繁育和草原可持续利用提供资源与环境保障。

草原是具有可更新机制的自然生态系统，由绿色植物与其他生物成分及复杂的非生物环境因素组成，经长期历史演化成为相对稳定的自然演替顶极。在逐水草而迁徙的游牧生活中，家畜放牧采食率比较均衡，对上述自组织系统的顶极状态不会产生强烈的干扰，因此，系统的自我更新与自我调控机制不被打破，生态系统中的绿色植物种群和其他生物种群占据着各自的生态位而得以繁衍，保持着和谐的群落自组织生态过程。这些绿色植物种群构成了家畜充足的营养源并形成良好的营养组合。牧民就是依托天赐的草原生态系统创造了符合历史条件的游牧生活方式，牧民的绿色情怀当然也是历史的产物。

2）游牧生产锻炼了家畜的生态耐性，使其适应了寒冷、干旱、多变、多灾的气候环境和粗放的牧养管理方式。草原生态系统在协同进化中选择了耐性很强的地方家畜品种，形成了适应严酷环境和粗放经营的家畜最佳生产性能与优质畜产品。

北方草原的家畜经历了长期驯养，成为草原生态系统不可缺少的成员。呼伦贝尔草原冬季气候寒冷，在半湿润与半干旱条件下形成的草甸草原，牧草种类繁多，草群高大密集，成为“三河牛”“三河马”的原产地。从呼伦贝尔至乌珠穆沁草原，乌珠穆沁肥尾羊经多年人工驯养和选择而成为成功的地方良种。苏尼特羊是蒙古绵羊适应蒙古高原荒漠草原旱生小禾草——小型针茅（*Stipa* spp.）、沙芦草（*Agropyron mongolicum*）、糙隐子草（*Cleistogenes songolica*）和蒙古韭（*Allium mongolicum*）等植物组合的产物，是深受欢迎的涮羊肉的优良肉羊品种。阿拉善双峰驼是与古老的阿拉善荒漠协同演化的著名优良品种，具有耐饥渴、可采食粗饲料、适应风沙、可远行等特殊遗传基因组合，成为生物多样性重点保护对象，正在积极采取有效的保育对策。

3）绿色草原所提供的净第一性生产力（植物产品）与游牧方式的净第二性生产力（动物产品）紧密结合起来，是人类经营农业的历史性创造。游牧生活构筑了包括天（气候环境）、地（土壤营养库）、生（生物多样性）、人（人群社会）的生态-经济-社会复合系统，该系统是在历史条件下达到的能量流动与物质循环高效和谐的优化组合。草原牧养的家畜为蒙古族等民族的食、衣、住、行提供了基本物质保障。牛羊肉乳提供了营养完全的高蛋白洁净食品系列；毛绒皮革是制作服装、住所（蒙古包）、交通工具、生产生活用品的重要材料；牛、马、驼是役用的动力资源；畜粪为生活中的燃料能源。总之，草原家畜是游牧民族生存与发展所需生物能源的最主要部分。再加上与中原民族交往得到的粮、茶、丝绸等，保证了游牧民族体质健康与繁荣发展。

4）在游牧生活中，游牧民族热爱草原、爱护家畜、保护生命、维护环境的朴素感情是人与自然和谐相处的精神体现，是十分可贵的生态意识，是当今实施可持续发展模式的良好思想基础。追求艺术、崇尚科学的优良传统，更是人类走向文明祥和的精神动力。

游移民族放牧的完整规范，可以保持草原自我更新，维护生物多样性，满足家畜的营养（能量）需要，保障人类的生存与发展，这是草原生态系统结构与功能协调有序耦合的效应。在草原民族文化中，在意识形态、科学技术、伦理规范、民风习俗、宗教信仰等诸多方面都蕴含了鲜明的生态观念与环境意识。

（四）发扬游牧文化的精髓，寻求草原适应气候变化的新途径

今日的世界已进入科技与经济高速发展的新世纪，但也带来了一系列的资源与环境问题。20 世纪的人口剧增，全球气候变化，土地荒漠化，生物多样性减少，淡水资源与能源的紧缺等诸多生态与环境问题向世人提出严峻的挑战，正激起人类的生态保护意识觉醒。因此，可持续发展的理念应运而生。走可持续发展之路，已成为 21 世纪人类文明的鲜明标志和时代的呼声。20 世纪后期北方草原的超载利用和盲目开垦，引起大面积草原退化和沙化，这是大自然给我们发出的严重警告。为此，必须遵循自然规律和经济规律，合理利用草原，采取科学对策切实维护草原整体生态功能。虽然原始的游牧生活已不是当今时代民族的需要，但民族遗产中的生态之道，游牧文化的精髓为草原地区的可持续发展道路提供了借鉴。

1. 利用景观与区域大尺度放牧，适应气候波动

半干旱草原区由于受气候波动影响，蒸发强烈、冬季严寒和水热资源短缺，必须正确测算天然草地生产力及其季节间的差异和年度间的变率。为使草原的更新机制不受损害，植物的放牧采食量和收割量不能超越草地生物再生能力的阈限。在发展人工饲草料生产的同时，必须实行轮换休牧制度，设定每年的禁牧期，以利牧草返青和正常生长，保持草原生产力水平和生态系统健康。

在适应气候变化的动态放牧技术上，基于草地生产力及草畜平衡的时空格局变化特征，针对北方草原区气候波动性增加、极端气候事件增多及暖干化的气候变化特点，以及中西部草地退化严重的环境特点，同时吸收游牧及其他放牧技术优点，构建动态的优化放牧技术体系，主要为：扩大放牧空间，充分利

用草场地形特征，划分春季、夏季、秋季及冬季放牧区，进行大尺度的景观放牧，并根据水热资源配置新特点探索不同景观与区域间划区轮牧、休牧、舍饲组合技术。

在划区轮牧上，首先，需要依据气候条件及局地的自然状况，构建动态的优化放牧技术体系，改变现在固定的牧事活动时间节点，总结和归纳各类表征牧事活动适宜开展的天气、气候、物候、生态学、生理学等指标，实现动态化放牧。其次，对由空间异质性所带来的适应气候变化的天然资源的有效识别、量化和合理利用，如地势高低及阴阳坡分也能有效规避极端温度的影响等。

这一放牧方式针对我国北方草原生产力时空异质性较强，近年来草地退化严重的区域环境特征及草原区气候波动性较大、极端气候事件增多等气候变化特点，改变现在固定的牧事活动时间节点及放牧强度，实行基于动态草畜平衡的放牧方式，构建了根据景观与区域草地生产力及利用现状的景观与区域间划区轮牧、休牧、舍饲组合技术。该技术解决了北方草原气候年度与季节变幅较大，草地生产力不稳定且空间异质性较强而导致的过载或放牧不足问题，提高了草地的可持续利用性。

2. 建设节水的人工草地与饲料地，更好地适应气候变化与保证畜牧业的稳产

水利设施是建立人工饲草料基地的必备条件，建立多种人工饲草料基地是减轻天然草场压力使之得以休养恢复并实行放牧与饲养相结合模式的保障措施，是草地畜牧业今后再发展的重要物质基础，草原区水利建设面临的困难是水资源较贫乏而且分布不均，水文条件与水资源的勘探不足，地下水埋深往往超百米，工程投资大（机、电、井造价都高），运行成本高（电路损耗大），投资效益低。需要国家投入并给予动力和运行费用的补贴式优惠，以利于调动地方政府和牧民加快牧区水利建设的积极性，使他们建得起、用得起。

在降水量为 350mm 以上的草原地区，即大兴安岭东、西两麓和阴山南北的山前丘陵地区，如嫩江、西辽河、乌拉盖河、闪电河流域，科尔沁沙地、浑善达克沙地东部、毛乌素沙地的许多丘间滩地都是水资源较多的地区，也具有较好的土地资源，是可以建设饲草基地的主要地区，应作为水利建设的重点。但必须统筹规划，对水资源总量及其时空分布与变化要做出可靠的评价；对生态环境耗水，草原及其他天然植被耗水，人工林草植物用水，农牧业生产用水，工矿业与其他社会经济发展及居民生活用水等进行科学的测算；对水资源的开采利用留有必要的余地，按照水资源可持续利用的战略要求，进行水资源的合理配置和水利设施的建设。

利用河谷滩地、湖盆洼地、沙丘间低地等地下水位较高的适宜土地（占草原区总面积的 5%～6%）建立各种非灌溉及适度补灌的人工草地与饲料地是草原生态环境建设和草地畜牧业集约化经营的主要措施，是一项具有长远意义的生态-产业工程，需要长期坚持不懈地以产业化的方式推行这一项建设。当前，退耕还林还草、退牧还草、防沙治沙等重大生态建设项目中都含有草地建设的内容。今后更要通过发展家庭牧场和招商引资等多种途径促进草地与饲料生产和家畜育肥基地的建设，向草畜一体化的集约型产业模式发展。

草原牧区既有经营放牧畜牧业的草地资源和传统，又有地方优良家畜品种资源。目前在草原地区正在推行休牧、轮牧等合理利用与保护草原的措施，在有条件的区域营建多种形式的人工草地和饲料地。可按照集约化经营的模式实行夏牧冬饲，把牧区建成家畜繁育基地。牧区以南以东的农牧交错区，兼有种植业和畜牧业的资源与环境，具有种养结合、进行家畜育肥的有利条件。牧区与农牧交错区优势互补，实行系统耦合，可以开创集约化、产业化的新型农牧业生产体系。同时，应按照统筹城乡经济社会发展目标，建设新型草原产业带。

3. 恢复退化草原，保护现有草地的基本生态功能，实现畜牧业的可持续发展

退化草原因草群质量低劣，生产力已明显下降，必须实行围封，根据我们的实验结果，封育7～8年，草群结构和生产力可以基本得到恢复。退化草原实行围封，消除了放牧家畜践踏和采食的影响。群落中的各种植物通过生存竞争和种内、种间相互作用，使冷蒿（*Artemisia frigida*）、星毛委陵菜（*Potentilla acaulis*）等退化群落逐步向适应当地气候条件的针茅（*Stipa*）或羊草（*Leymus chinensis*）群落方向演进。退化草原生态系统在恢复过程中，羊草、大针茅（*Stipa grandis*）、冰草（*Agropyron michnoi*）、落草（*Koeleria cristata*）、羽茅（*Achnatherum sibiricum*）、山韭（*Allium senescens*）等优良牧草逐年增多。冰草在封育的第5年明显增多，羊草在第8年明显增多，成为群落的优势种，而冷蒿、变蒿（*Artemisia pubescens*）、糙稳子草（*Cleistogenes squarros*）、星毛委陵菜、阿尔泰狗娃花（*Heteropappus altaicus*）等不可利用或劣质牧草，从原来的优势种逐渐变为群落的伴生种。

草原区应根据地域分异的特点，各旗县制定适合当地草原情况的草原保护、建设、使用细则。对牧户使用的草地，要限定适当的使用强度，设定维护目标，切实做到草原使用权和草原生态环境维护义务同时落实，并建立草原生态环境监测体系，作为法制管理的科学依据。

牧民保护草原不仅保护了自己的生产生活条件，还具有公益性，可使周边地区的环境得以改善。对通过围封禁牧方式维护自家草地且效果良好的牧民给予金钱奖励，以抵偿少养牲畜而减少的经济收益。可把恢复与建设草原植被的工程任务按照公司+牧户的模式交付牧民承担，达到预定标准后，给付报偿。为防止超载过牧，可考虑制定适当的办法，对超载的牲畜征收较高的税费。

总之，严格遵循自然与经济规律，草原地区实行“休牧轮牧、建设草地，夏牧冬饲、异地育肥，增加投入、集约经营，优化管理、确保安全，系统开放，互动发展”的模式，能更好地适应气候变化，实现草原生态安全与农牧民富足的目标。

参 考 文 献

敖仁其, 胡尔查. 2007. 内蒙古草原牧区现行放牧制度评价与模式选择. 内蒙古社会科学(汉文版), 28(3): 90-92.

陈寿朋. 2007. 草原文化的生态魂. 北京: 人民出版社.

葛根高娃. 2004. 蒙古民族的生态文化. 呼和浩特: 内蒙古教育出版社.

呼拉尔顿泰·策·斯琴巴特尔. 2006. 蒙古高原游牧文化的特质及其成因. 青海民族大学学报(社会科学版), 32(3): 24-27.

黄华均, 刘玉屏. 2005. 从古代蒙古法中蠡测游牧民族对生态的保护——兼谈统筹人与自然的和谐发展. 黑龙江民族丛刊, (1): 79-83.

刘书润. 2007. 游牧文化: 草原的命根——探究草原荒漠化与沙尘暴的根源. 学习博览, (2): 40-44.

马桂英. 2007. 试析蒙古草原文化中的生态哲学思想. 科学技术哲学研究, 24(4): 20-23.

马桂英. 2008. 蒙古族游牧文化中的生态意识. 理论研究, (4): 27-30.

乔晓勤. 1992. 关于北方游牧文化起源的探讨. 草原文物, (z1): 21-25.

任继周. 2012. 放牧: 草原生态系统存在的基本方式——兼论放牧的转型. 自然资源学报, 27: 1259-1275.

邵方. 2004. 中国北方游牧起源问题初探. 中国人民大学学报, 6: 144-149.

王紫萱. 2005. 蒙古族草原游牧文化中的生态观念及其启示. 阴山学刊, 18(4): 41-44.

乌日陶克套胡. 2005. 论蒙古族游牧经济的特征. 中央民族大学学报, (02): 32-36.

乌云巴图. 1999. 蒙古族游牧文化的生态特征. 内蒙古社会科学(汉文版), (6): 38-43.

吴琼. 2000. 自然生态环境与游牧文化的哲学思考. 新疆社科论坛, (1): 51-52.

吴琼, 周亚成. 2001. 游牧文化中的生态环境观浅析. 西北民族研究, (4): 140-144.

于建设. 2008. 红山文化的社会性质. 赤峰学院学报(汉文哲学社会科学版), (S1): 60-66.

Marshall F, Reid R E B, Goldstein S, et al. 2018. Ancient herders enriched and restructured African grasslands. Nature, 561: 387-390.

附录　草原退化等级划分及适应技术体系

草原生态系统在放牧与割草等利用过程中往往发生退化演替，导致其生产力、生物多样性及非生物环境发生变化。由于草地类型、利用方式和利用强度的不同，其退化特征也不同，这些特征可成为草原生态系统状况监测与评价的主要依据和指标。

一、草原退化等级划分和草地生态评价的方法和标准

（一）按群落生产力与优势植物种群生物量衰减率进行诊断和分级

根据植物群落生产力下降率，将草原群落划分为 5 个退化等级：正常（Ⅰ级）、轻度退化（Ⅱ级）、中度退化（Ⅲ级）、重度退化（Ⅳ级）和极重度退化（Ⅴ级）。生产力下降率分别为 0～20%、20%～35%、36%～60%、61%～80%和＞80%。

优势种群衰减是草地退化的最主要特征，如羊草草原、大针茅草原、小针茅草原等在过高牧压下，羊草、大针茅、小针茅等优势种群逐渐衰退，在轻度退化阶段，优势种群生物量衰减率一般在 30%以下，中度退化草地衰减率在 50%以下，重度退化草地衰减率在 75%以下，极重度退化草地衰减率在 75%以上。

（二）按草地退化指示植物的出现率进行诊断和分级

在典型草原的放牧退化系列中，冷蒿、星毛委陵菜、阿尔泰狗娃花、狼毒等因具有特殊的耐牧适应性，常在退化加剧的过程中趋于增长，成为退化过程的指示者。在荒漠草原的退化系列中，常用的指示植物有蓍状亚菊、女蒿、冷蒿、无芒隐子草、多根葱、阿氏旋花、骆驼蓬等。在草甸草原的退化群落中，寸草苔是耐牧性很强的退化指示植物。根据这些植物的比例可以判断草地退化的程度。

（三）按草群植物组成的放牧饲用性进行诊断和分级

放牧家畜对草地植物的嗜食性与牧草的饲用品质是不同的，由于过度放牧采食，在退化过程中，优质牧草在草群中的比例逐渐减少，劣质牧草比例增大，不可食及毒害植物也有增长。对退化程度不同的草原的植物组成按饲用品质分为优、良、劣、不可食 4 个等级进行评定，也是诊断与评价退化草原的有效方法。

二、评价的指标体系和评价方法

根据上述分析，草原与草原化荒漠生态系统评价等级与指标体系如表 1 所示。

表 1　草原与草原化荒漠生态系统评价等级与指标体系（%）

评价指标＼等级	Ⅰ级（正常）	Ⅱ级（轻度）	Ⅲ级（中度）	Ⅳ级（重度）	Ⅳ级（极重度）
1. 优势植物种群生物量衰减率	＜15	15～30	31～50	51～75	＞75
2. 植物群落生产力下降率	＜20	20～35	36～60	61～80	＞80
3. 优质草种群产量下降率	＜30	30～45	46～70	71～90	＞90
4. 退化演替指示植物（含不可食牧草）出现率	＜10	10～20	21～45	46～65	＞65
5. 群落高度下降（矮化）率	＜20	20～30	31～50	51～70	＞70
6.植物群落盖度下降率	＜20	20～30	31～45	46～60	＞60
7.物种丰富度下降率	＜10	＜10	＜10	10～20	＞20
8.土壤侵蚀程度增加率	＜10	10～20	21～30	31～40	＞40
9.土壤容重、硬度增加率	＜5	5～10	11～15	16～20	＞20
10. 土壤碳、氮含量减少率	0	0～5	6～10	11～20	＞20

评价方法采用加权分级打分法，各指标的分值范围见表 2。

表 2　各指标打分分值范围

评价指标＼等级	Ⅰ级（正常）	Ⅱ级（轻度）	Ⅲ级（中度）	Ⅳ级（重度）	Ⅳ级（极重度）
1. 优势植物种群生物量衰减率（%）	20～17	16～13	12～9	8～5	4～0
2.植物群落生产力下降率（%）	15～13	12～10	9～7	6～4	3～0
3.优质草种群产量下降率（%）	15～13	12～10	9～7	6～4	3～0
4.退化演替指示植物（含不可食牧草）出现率（%）	10～9	8～7	6～5	4～3	2～0
5. 群落高度下降（矮化）率（%）	10～9	8～7	6～5	4～3	2～0
6.植物群落盖度下降率（%）	10～9	8～7	6～5	4～3	2～0
7.物种丰富度下降率（%）	5	4	3	2	1～0
8.土壤侵蚀程度增加率（%）	5	4	3	2	1～0
9.土壤容重、硬度增加率（%）	5	4	3	2	1～0
10. 土壤碳、氮含量减少率（%）	5	4	3	2	1～0
综合评价分级	100～81	80～61	60～41	40～21	20～0

三、内蒙古草地畜牧业适应气候变化关键技术

针对内蒙古地区气候变化的主要问题，在已有的实验、示范基础上，提出了草地畜牧业适应气候变化的 10 项技术措施（表 3），这些技术措施仍需进一步的凝练、实验与示范，也需要进一步征求广大草地经营者、草地管理者及相关学者的意见与建议。

表 3　内蒙古草地畜牧业适应气候变化技术体系

气候变化问题	技术名称	内容/技术参数	经济效益	社会效益	生态效益	适应范围	时效性
针对北方草原区时空异质性较强，气候变化对不同空间异质性草地类型影响不同	景观/区域尺度放牧技术	不同景观与区域间大尺度的划区轮牧、休牧、舍饲等组合放牧技术	经济效益较现在划区轮牧提高 0.5～1 倍	牧民收入增加，社会稳定；保持蒙古族的传统文化	保持不退化或轻度退化；充分发挥草地的生态功能	所有天然草原放牧区	长效
针对北方草原区气候波动性增加及中西部草地退化严重的环境特点；极端气候事件增多的气候特点	基于草地生产力时空格局变化与气候波动的放牧技术	改变现在固定的牧事活动时间节点为动态化，实现不同小区动态化划区轮牧	保持原有的经济效益	稳定牧民收入	保持不退化或轻度退化；充分发挥草地的生态功能	所有天然草原放牧区	长效
针对北方草原区气候波动性增加及极端气候事件增多的气候特点	基于草地生产力动态的刈割技术与打草场管理技术	刈割时间、留茬高度、刈割与放牧的交替方式	经济效益提高 5%	牧民收入增加，社会稳定	保持不退化或轻度退化；充分发挥草地的生态功能	所有天然草原区	长效
针对气候暖干化及冬春气温升高快的特点	春季放牧时间及春季休牧制度	不同草原区春季放牧或休牧的起始时间、放牧强度	经济效益提高 5%	牧民收入增加，社会稳定	充分利用草地资源，增加优良牧草的比例	所有天然草地	长效
针对气候波动及极端气候事件增多的气候特点	适应气候变化的草地放牧与刈割耦合技术	综合放牧、割草及割草与放牧的耦合技术	经济效益提高 10%	牧民收入增加，社会稳定	充分利用草地资源，增加优良牧草的比例	所有天然草地	长效
针对北方草原区极端气候事件增多的气候特点	抗寒、抗旱、高产优质的牧草品种选育	野苜蓿、驼绒藜、羊草等地方特色牧草选育	人工草地经济效益提高 5%，冬季存活率提高	牧民收入增加，社会稳定	减轻天然草原压力	有条件的人工草地	长效
针对内蒙古草原区升温幅度大、降水季节与年度变幅较大的特点	抗旱、高产优质的牧草品种选育	筛选抗逆性强、高产、优质的牧草品种（冰草、披碱草、敖汉苜蓿等）	人工草地经济效益提高 5%	牧民收入增加，社会稳定	减轻天然草原压力	有条件的人工草地	长效
针对内蒙古草原区升温幅度大、降水季节与年度变幅较大的特点	优质牧草栽培技术	品种优化与人工草地建植	改良草地经济效益提高 5%	牧民收入增加，社会稳定	减轻天然草原压力	有条件的人工草地	长效
针对草原区水是生产力关键制约因素，以及降水波动性增加的特点	人工草地灌溉施肥技术	确定牧草水肥需要关键期的补水型灌溉节水灌溉制度，如灌溉时间、灌溉量	牧草经济效益提高 5%	牧民收入增加，社会稳定	减轻天然草原压力	有条件的人工草地	短效
针对降水波动性增加的特点	补水条件下牧草的混播建植技术	一年生和多年生牧草混播、豆科与非豆科牧草混播	牧草经济效益提高 5%	牧民收入增加，社会稳定	减轻天然草原压力	有条件的草地	短效